PRÓLOGO

El objetivo de este libro es desarrollar los contenidos teóricos del módulo profesional "Producción de plantas y tepes en vivero", correspondiente al Ciclo Formativo de Grado Medio "Jardinería y floristería" perteneciente a la Familia Profesional Agraria.

Dichos contenidos están recogidos en el Real Decreto 1129/2010, de 10 de Septiembre, por el que se establece el Título de Técnico en Jardinería y Floristería

Se han estructurado en ocho temas:

Tema 1: La reproducción de las plantas: conceptos básicos

Tema 2: Técnicas de producción por semilla

Tema 3: Técnicas de producción por métodos vegetativos

Tema 4: Implantación del cultivo en el vivero

Tema 5: Operaciones de cultivo posteriores a la implantación

Tema 6: Técnicas de producción de tepes

Tema 7: Preparación de pedidos

Tema 8: Plan de Prevención de Riesgos Laborales en un vivero

Este temario también puede servir para otros cursos de formación profesional reglada, ocupacional o continua relacionados con la producción de plantas, así como para aficionados o profesionales que comienzan en el sector.

Miguel Fuster Roig

Ingeniero Agrónomo

Profesor Técnico de Formación Profesional

ÍNDICE GENERAL

TEMA 1. LA REPRODUCCIÓN DE LAS PLANTAS: CONCEPTOS BÁSICOS

ÍNDICE

TEMA 1. LA REPRODUCCIÓN DE LAS PLANTAS: CONCEPTOS BÁSICOS

A lo largo de millones de años, las plantas han tenido que desarrollar distintas estrategias reproductivas para poder sobrevivir y colonizar nuevas tierras.

Así las plantas tienen la capacidad de reproducirse de dos formas distintas, por un lado pueden reproducirse de una forma "sexual" dando lugar a una nueva descendencia mediante la unión de células masculinas y femeninas, o bien pueden reproducirse de una forma "vegetativa" o "asexual" generando una nueva planta partiendo de una parte de otra planta, llamada generalmente "planta madre".

Este tema está dedicado a explicar los aspectos biológicos de estas formas de reproducción, que nos servirán de base para entender las técnicas de propagación utilizadas en los viveros.

1. LA REPRODUCCIÓN A TRAVÉS DE SEMILLAS

1.1 INTRODUCCIÓN

Hablar de la reproducción a través de semillas, es sinónimo de hablar de la reproducción sexual de las plantas, ya que las semillas son el resultado de la unión de dos células sexuales llamadas "gametos", una femenina (engendrada en el óvulo) y otra masculina (engendrada en los granos de polen), que forman al unirse un huevo o cigoto.

De este huevo o cigoto saldrá una semilla y, por tanto, una planta nueva.

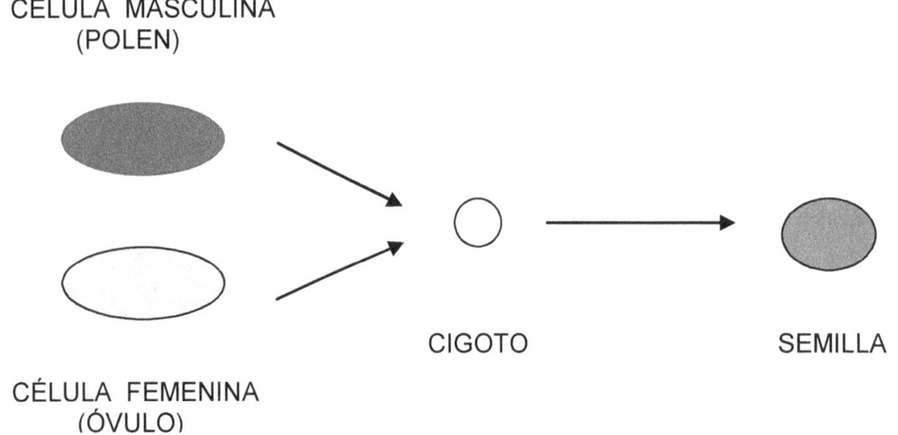

Cada semilla combina genes masculinos y femeninos dando lugar a una nueva planta.

1.2 LA SEMILLA

La semilla se compone de tres partes:

a) El embrión

El embrión es una planta en miniatura encerrada dentro de la semilla y que, cuando llegue el momento, se desarrollará dando lugar a una nueva planta.

b) Los tejidos nutritivos o de reserva

Los tejidos nutritivos o de reserva contienen hidratos de carbono, proteínas y grasas y son imprescindibles para la nutrición del embrión.

La cantidad de tejidos nutritivos varía según las necesidades de cada especie vegetal. Algunas poseen reservas importantes, mientras que otras apenas tienen reservas como las semillas microscópicas de las orquídeas.

c) El tegumento

El tegumento es la parte exterior de la semilla y también recibe el nombre de cáscara o cubierta.

Los tegumentos tienen una superficie dura que proporciona protección mecánica al embrión.

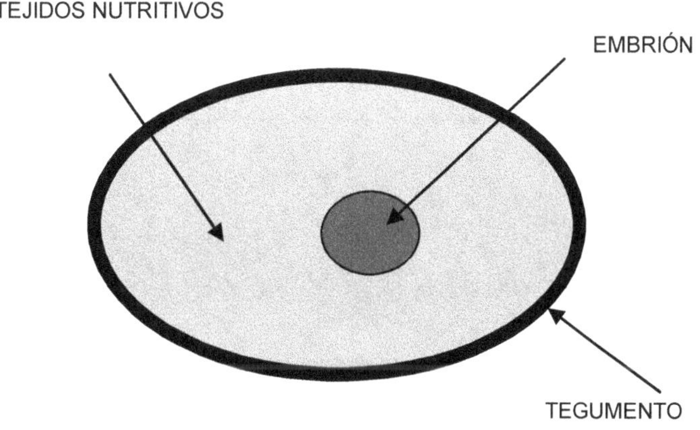

Pero ¿qué tipo de plantas pueden producir semillas?, ¿cómo se forman?, ¿en qué parte de la planta?

A continuación estudiaremos los aspectos botánicos que dan respuesta a estas preguntas y que nos servirán de base para entender algunas operaciones que se realizan en los viveros.

1.3 PLANTAS PRODUCTORAS DE SEMILLAS: PLANTAS CON FLOR

La flor es la parte de la planta donde se localizan los órganos sexuales y es donde después de la fecundación se produce la semilla.

Por tanto, las plantas que pueden reproducirse de una forma sexual, obteniendo como resultado una descendencia en forma de semilla, son las plantas que tienen flor.

Este tipo de plantas se pueden clasificar en dos grupos: plantas "gimnospermas" o plantas sin fruto y plantas "angiospermas" o plantas con fruto.

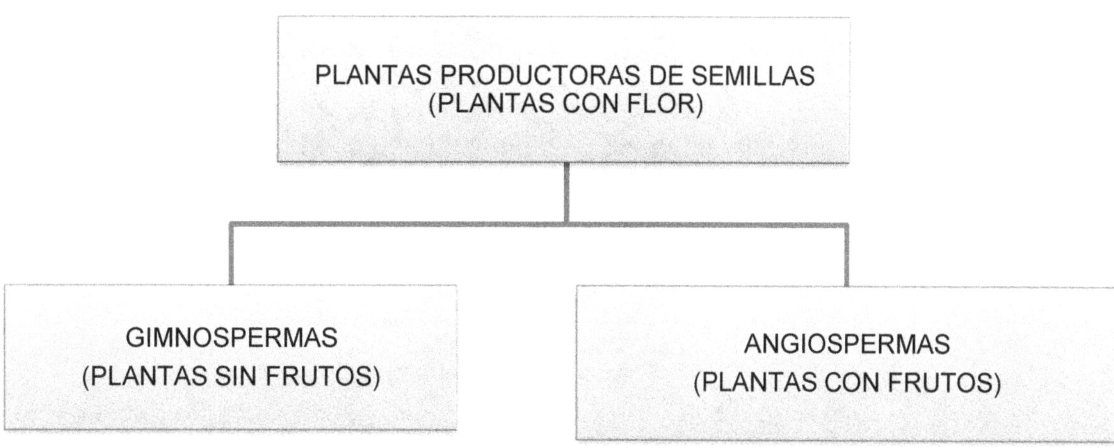

1.4 PLANTAS GIMNOSPERMAS: PLANTAS SIN FRUTOS

1.4.1. Descripción general

Las gimnospermas (del griego "gymnos", desnudo y "sperma", semilla) tienen la característica de que no tienen frutos y las semillas suelen ir desnudas o protegidas por escamas.

Principalmente este grupo lo componen:

a) Las plantas del género "Cyca"

Tienen un porte de palmera o helecho arborescente y su historia se remonta al Triásico (hace 200 millones de años).

Foto:"Cyca revoluta"

b) Las "Coníferas"

Llamadas así porque generalmente las semillas se encuentran en unos conos leñosos. Algunos ejemplos de coníferas son el pino, el ciprés, el abeto y la araucaria.

Foto: "Araucaria heterophylla"

1.4.2 Órganos reproductores de las plantas gimnospermas.

En el caso de las gimnospermas se tratan de inflorescencias bastante rústicas que han tenido que adaptarse a cambios bruscos ambientales producidos en nuestro planeta durante los últimos 200 millones de años.

Los órganos femeninos del género "Cyca" consisten en un ramillete de hojas marrón-dorado que parten del ápice del tronco, y en cuyos márgenes se sitúan los óvulos donde que posteriormente darán lugar a las semillas.

Los órganos masculinos de las Cycas tienen forma de cono y es donde se encuentra el polen que posteriormente fecundará los óvulos.

Fotos: "Cyca revoluta": órgano femenino (izquierda) y órgano masculino (derecha)

En el caso de las Coníferas las inflorescencias femeninas tienen forma de cono globoso con escamas y las inflorescencias masculinas suelen ser conos mucho más alargados.

 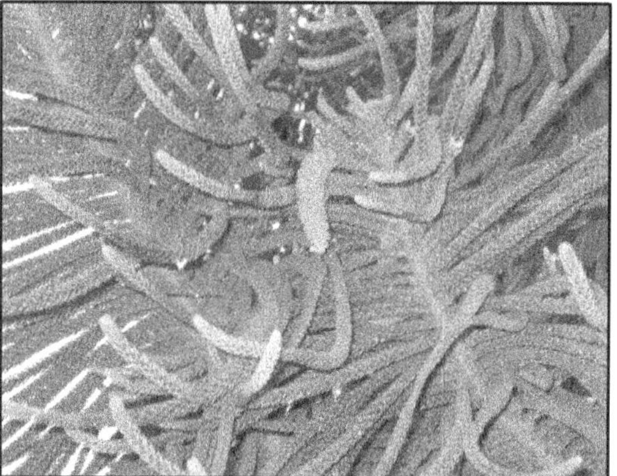

Fotos: "Araucaria heterophylla", flor femenina (izquierda) y flor masculina (derecha)

1.5 PLANTAS ANGIOSPERMAS: PLANTAS CON FRUTOS

1.5.1 Descripción general

Las plantas angiospermas (del griego "angeion", envoltorio) se caracterizan por tener las semillas protegidas en el interior de un fruto.

Son desde un punto de vista evolutivo más recientes que las gimnospermas y constituyen el grupo más numeroso de las plantas terrestres.

1.5.2 Órganos reproductores de las plantas angiospermas

Las flores de estas plantas son mucho evolucionadas que la de las gimnospermas, ya que se han desarrollado en épocas modernas donde el clima del planeta ha sido mucho más benigno.

Presentan formas y colores que en muchas ocasiones resultan espectaculares.

Las partes que pueden componer una flor son:

- Cáliz: es la parte más externa, y está formado por un verticilo de hojas verdes, denominadas sépalos.

- Corola: formada por uno o más verticilos de hojas de color llamados pétalos.

- Órganos sexuales masculinos (Androceo): son los estambres que están constituidos por unos filamentos finos que sostienen unos saquitos (anteras) que contienen el polen.

- Órganos sexuales femeninos (Gineceo): son los carpelos (también llamados pistilos), que presentan una base ensanchada llamada ovario, en cuyo interior están encerrados uno o varios óvulos y sobre la cual se encuentra el estilo, que termina en una parte alargada (estigma), en donde se recibe el polen y se inicia la fecundación.

Esquema: estambres (izquierda) y carpelo (derecha)

Según como estén dispuestos los órganos sexuales de las flores las podemos clasificar de la siguiente manera:

a) Flores hermafroditas: Tienen órganos masculinos y femeninos.

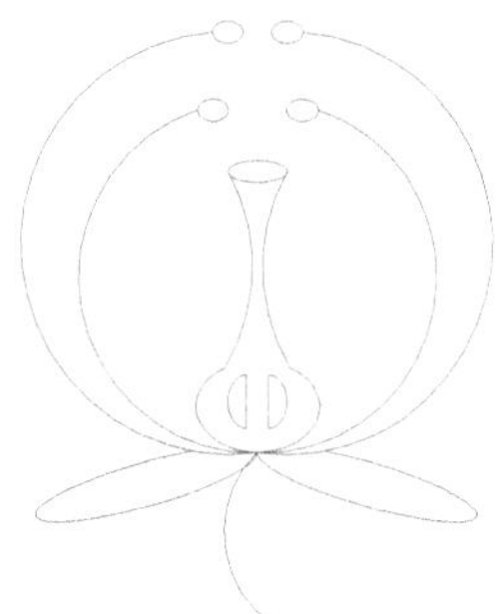

Esquema: Flor hermafrodita

A las plantas que tienen flores hermafroditas les llamamos "plantas hermafroditas".

b) Flores unisexuales: Tienen órganos de un solo sexo, masculino o femenino.

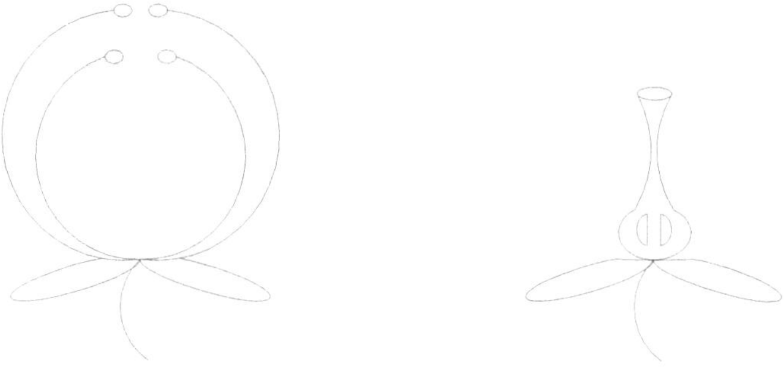

Esquema: Flor unisexual masculina (izquierda) y flor unisexual femenina (derecha)

A las plantas que tienen flores unisexuales masculinas y femeninas en el mismo pie les llamamos "plantas monoicas"

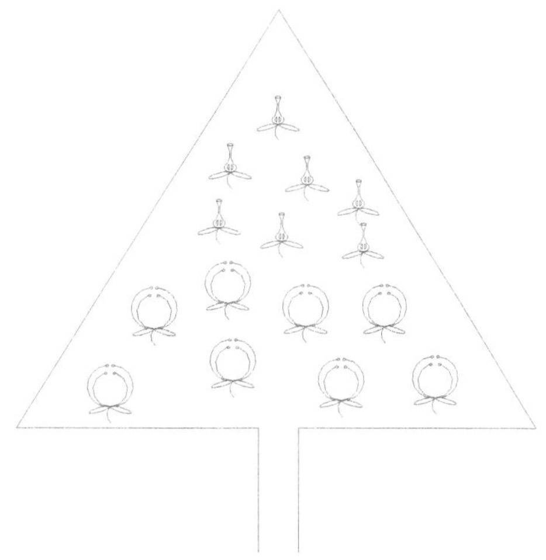

Esquema: Planta monoica

A las especies que tienen flores unisexuales masculinas y femeninas en distintos pies las llamamos "plantas dioicas".

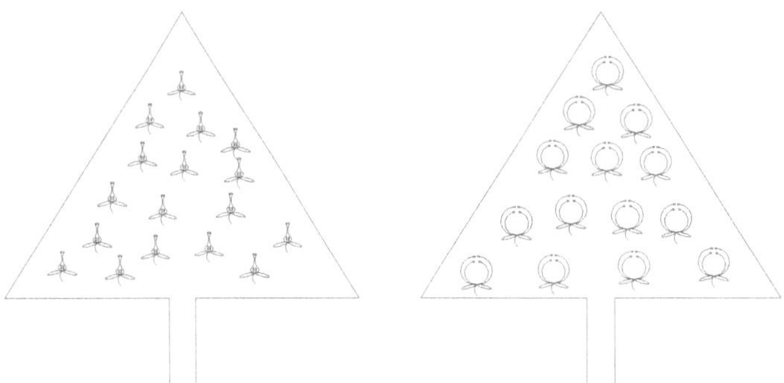

Esquema: planta dioica (pie masculino izquierda y pie femenino derecha)

En algunas ocasiones podemos encontrar flores que se pueden clasificar fácilmente y además se pueden identificar sin dificultad cada una de sus partes, como es el caso de la flor del Hibiscus.

Foto: Flor de la planta hermafrodita "Hibiscus rosa-sinensis"

Sin embargo, las partes que se han descrito de la flor, no tienen por qué estar necesariamente presentes en todas las flores, además su forma y disposición varía mucho de unas especies a otras, por ello muchas veces nos encontramos plantas cuyas flores no se parecen nada a los esquemas anteriores.

Fotos: Flores de las plantas "Strelitzia reginae" (izquierda) y "Aristolochia gigantea" (derecha)

Como puede observarse la clasificación e identificación botánica de las flores puede resultar muy compleja pero no es objeto de este curso profundizar más en este aspecto.

1.6 POLINIZACIÓN Y FECUNDACIÓN

Una vez se ha producido la floración, los procesos que se dan en la naturaleza para la formación de la semilla son la polinización y la fecundación.

Recibe el nombre de "polinización" el traslado de los granos de polen desde el órgano masculino hasta el órgano femenino de la flor, mientras que la "fecundación" es el encuentro del polen con el óvulo. Cuando el encuentro se realiza con éxito, empieza la transformación de los óvulos en semillas.

1.6.1 Polinización indirecta o cruzada

Se dice que la polinización es "indirecta" o "cruzada" cuando el polen de una flor poliniza a otra flor distinta.

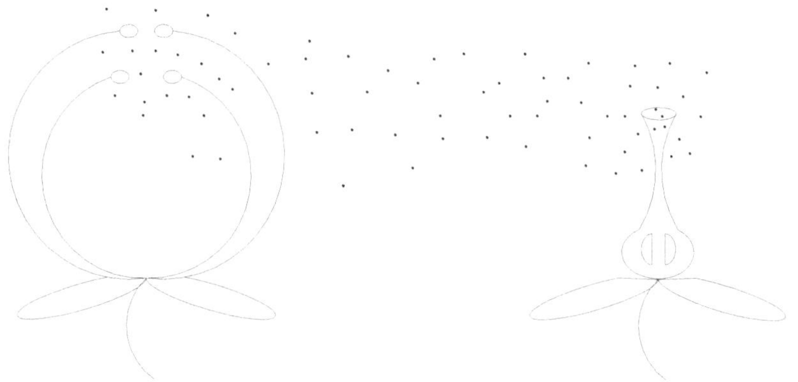

Esquema: polinización indirecta

Este traslado de polen puede ser:

• Natural: cuando en el traslado del polen solo interviene la naturaleza debido a la acción de los insectos, el viento, el agua y los pájaros.

• Artificial: cuando se interviene artificialmente en el traslado del polen, generalmente polinizando manualmente las flores utilizando pinceles o mediante atomizadores de aire.

A las plantas que se reproducen por polinización cruzada les llamamos "alógamas" (del griego "alos" (otro) y "gamos" (unión))

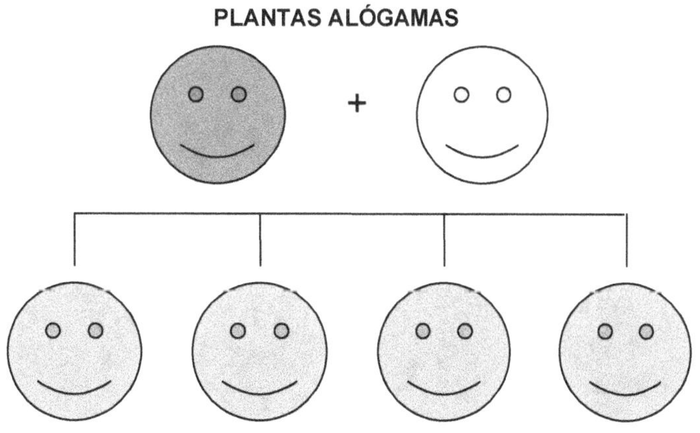

La alogamia es el sistema de reproducción que, desde un punto de vista evolutivo, es el que mejor garantiza el éxito y supervivencia de una especie, ya que las semillas que se producen por efecto de una polinización indirecta, contienen una mezcla de las características de las plantas progenitoras y dan lugar a plantas con combinaciones genéticas que le permiten evolucionar y adaptarse a los cambios del medio ambiente.

Las plantas alógamas han desarrollado barreras genéticas o fisiológicas que hacen que las flores de una misma planta sean incompatibles entre sí evitando así la autofecundación.

1.6.2 Polinización directa o "autopolinización"

Se dice que la polinización es directa cuando el polen de una flor poliniza al órgano femenino de la misma flor, produciéndose por tanto una "autopolinización".

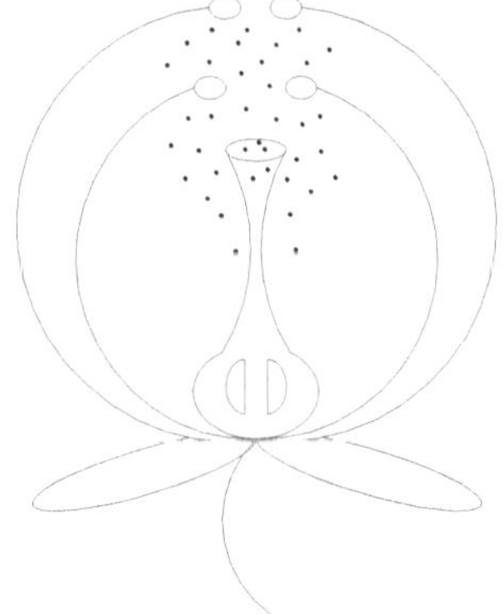

Esquema: polinización directa

A las plantas que se reproducen por polinización directa les llamamos plantas "autógamas" del griego "auto" (por sí mismo) y "gamos" (unión).

La descendencia producida en este caso conserva las mismas características de la planta madre y dan lugar a lo que llamamos "líneas puras".

Las variaciones que se producen entre individuos de una línea pura son debidas a diferencias en el medio ambiente y no son hereditarias.

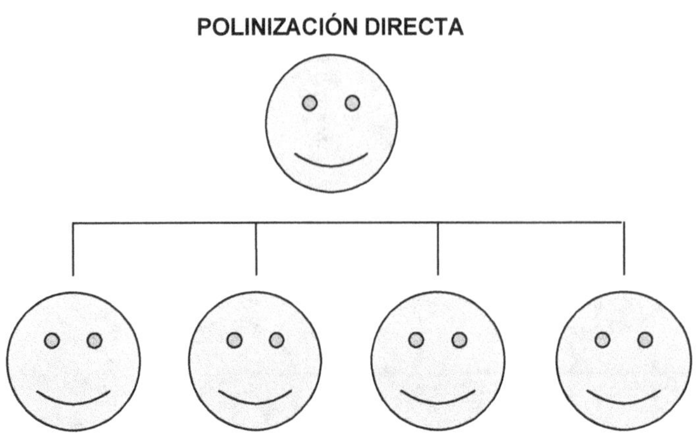

Hay que destacar que si una especie fuera exclusivamente autógama a la larga estaría condenada al fracaso, pues al no intercambiar información genética no tendría capacidad de adaptación ni evolución. Por eso todas las especies autógamas también poseen cierta capacidad de alogamia que le permiten evolucionar.

Por tanto, si se quieren cultivar "línea puras" en un determinado vivero se deben evitar las posibles polinizaciones indirectas cultivando la especie de una forma totalmente aislada.

1.6.3 Híbridos

Cuando este cruce se produce entre plantas de variedades o especies distintas, estos cambios genéticos pueden ser muy pronunciados, obteniendo lo que llamamos "híbridos".

La hibridación tiene una gran importancia agronómica, ya que muchos híbridos se caracterizan por sus buenas cualidades: productividad, calidad del producto, nuevos colores de flor o resistencia a determinados factores adversos (plagas, enfermedades, heladas, etc.).

Las plantas que resultan en la primera generación muestran un vigor superior al de los padres. Este incremento de vigor se llama vigor hibrido y se manifiesta en un mayor desarrollo de la planta, mayor resistencia a condiciones adversas, floración más temprana, mayor rendimiento, etc.

El vigor híbrido desaparece rápidamente en las generaciones siguientes cuando se cruzan entre sí las plantas procedentes de las filiales sucesivas. Por este motivo los viveristas se proveen de semilla híbrida todos los años o cada dos o tres años, según la especie que cultivan.

La semilla híbrida que adquiere el viverista procede de plantas obtenidas por cruzamiento controlado. Hay varios tipos de semilla de híbrido comercial, entre los cuales están los siguientes:

Híbrido simple. Se obtiene mediante el cruzamiento de dos líneas puras y esquemáticamente se representa así:

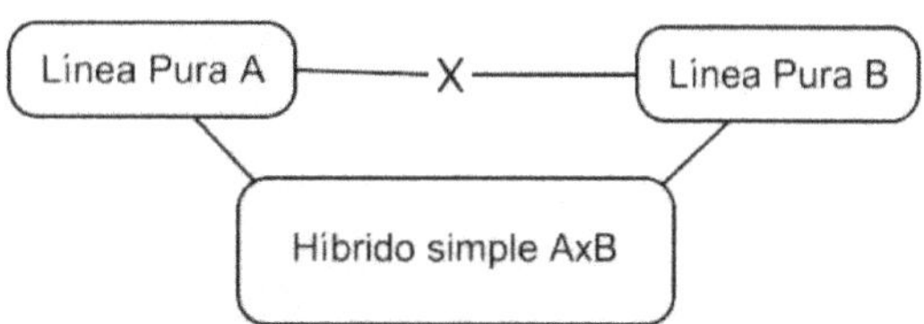

Hibrido de tres líneas: Se obtiene mediante el cruzamiento de un híbrido simple con un con una línea pura. Se representa así:

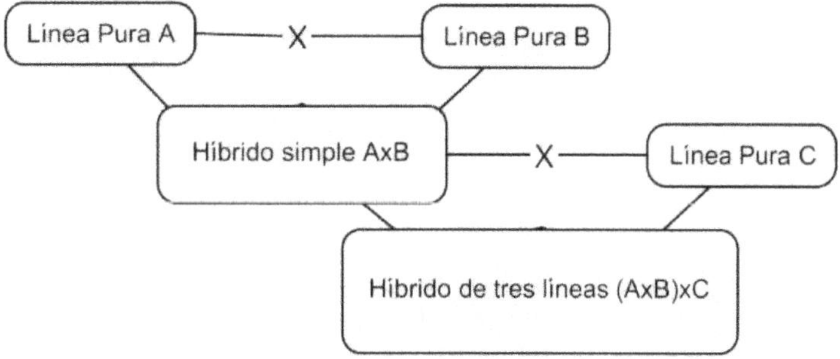

Híbrido doble. Se obtiene mediante el cruzamiento de dos híbridos simples. Se representa así:

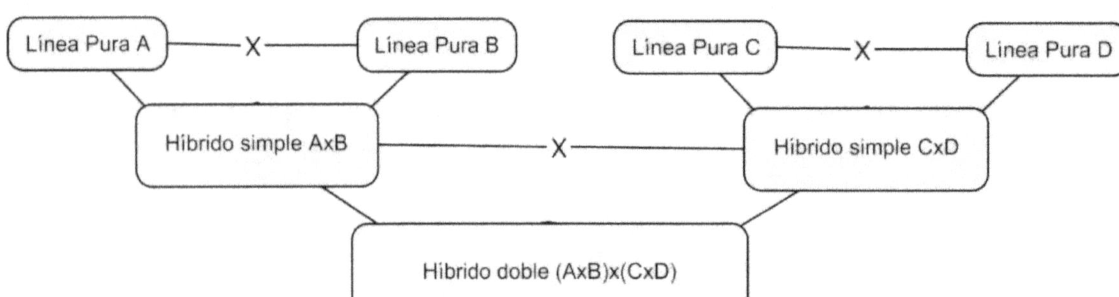

1.6.4 Variedades transgénicas

Hemos visto que el intercambio de información genética se produce de forma natural con la polinización cruzada. Sin embargo, utilizando técnicas de biotecnología se ha podido incorporar de forma artificial información genética en determinadas plantas para que éstas sean más resistentes a plagas o enfermedades, sean más productivas, etc.

A estas plantas manipuladas artificialmente se les denomina "organismos genéticamente modificados" (OGM).

Lógicamente es un tema muy delicado que ha suscitado un gran debate internacional sobre la prohibición o no de estas manipulaciones genéticas.

La legislación varía mucho de unos países a otros. La Unión Europea es muy estricta en cuanto al cultivo o importación de este tipo de especies.

1.6.5 Apomixis

Generalmente asociamos la reproducción por semillas a la vía sexual, sin embargo existen algunos casos particulares, como en los cítricos y algunas variedades de mango, en los que la semilla contiene embriones que no se originan por la fusión del polen con el óvulo, sino que se forman por una vía asexual o vegetativa, normalmente formando los embriones a partir de otras células del óvulo. A este fenómeno se le llama "apomixis".

La reproducción por semilla en estos casos particulares dará lugar a "plantas apomícticas" que serán genéticamente iguales a las plantas madre, igual que ocurre en otros métodos de reproducción asexual o vegetativa.

1.7 EL FRUTO

En el caso particular de las plantas angiospermas, tras la fecundación, los óvulos se convierten en semillas y el ovario se convierte en fruto.

Se suele definir el fruto como el ovario desarrollado y maduro y tiene como principales misiones:

- Proteger a la semilla hasta su completa maduración.
- Facilitar la dispersión de las semillas

Al igual que ocurre con las flores, la clasificación botánica de los frutos puede ser bastante compleja, aunque básicamente podemos distinguir entre frutos carnosos y frutos secos.

1.7.1 Frutos carnosos

Los frutos carnosos son aquellos que tienen la parte del fruto que rodea a las semillas de un material más o menos blando. Algunos tipos de frutos carnosos son:

a) Bayas

Son frutos con varias semillas en su interior.

b) Drupas

Son frutos con una sola semilla en su interior

1.7.2 Frutos secos

Son frutos secos aquellos que tienen una textura dura cuando están maduros.

Algunos tipos de frutos secos son:

a) Vainas

Son frutos en forma de legumbre y que cuando maduran se abren para dispersar a las semillas.

Foto: "Delonix regia", árbol con frutos secos en forma vaina de hasta 60 cm de longitud.

b) Folículos

A diferencia de las vainas, los folículos son frutos secos que cuando maduran se abren por un solo lado.

Foto: Frutos en forma de folículos del árbol "Brachychiton populneum"

c) Cápsulas

Son frutos secos que parecen cápsulas. Pueden adoptar diversas formas y tamaños según la especie.

d) Sámaras

Son frutos secos que tienen una parte "alada" para favorecer la dispersión del fruto a través del aire.

Foto: Frutos en sámaras del árbol "Tipuana tipu"

1.7.3 Frutos partenocárpicos

Un caso particular son los frutos partenocárpicos (del griego "partenos=virgen" y "carpos=fruto") que son aquellos que se forman sin necesidad de que el óvulo sea fecundado por los granos de polen.

Se forman en respuesta a otros factores externos que pueden ser artificiales (aplicación controlada de fitohormonas) o naturales (cambio de temperatura, cambio de duración del día, alteración hormonal de la planta, etc.)

Estos frutos carecen de semillas.

2. LA REPRODUCCIÓN VEGETATIVA

La reproducción vegetativa, también llamada asexual, se basa en la capacidad que tienen los vegetales de generar una nueva planta partiendo de una parte de otra planta, llamada generalmente "planta madre".

Las partes vegetativas de la planta madre que son capaces de regenerarse son: raíces, tallos, yemas y hojas, aunque una sola célula está capacitada para generar un nuevo individuo.

Las plantas nuevas que se generan con este método son genéticamente iguales a la planta madre y reciben la denominación de "clon".

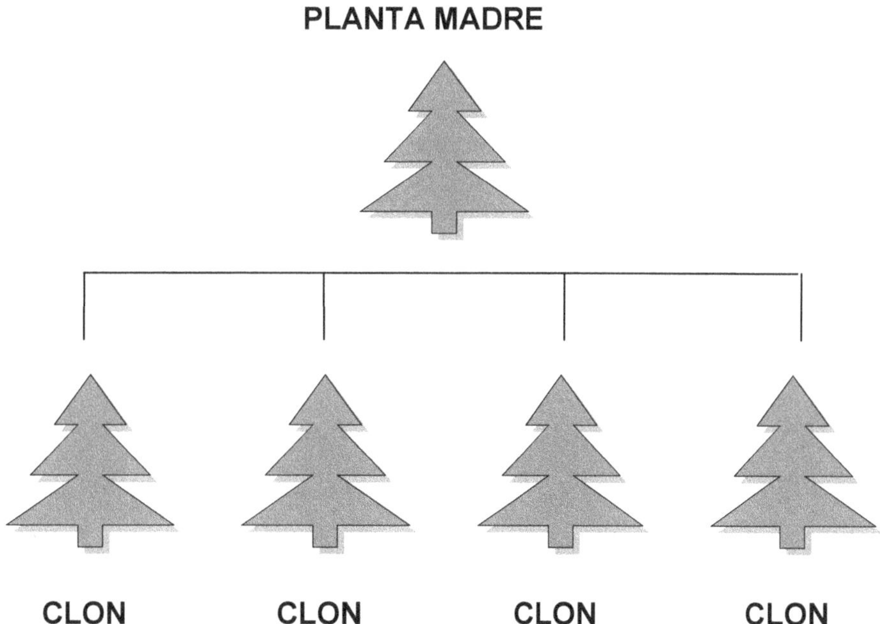

La reproducción vegetativa permite a algunas plantas colonizar un área con mayor rapidez que mediante semillas, como por ejemplo las especies trepadoras.

Sin embargo la propagación mediante clones implica ciertos riesgos, ya que las plantas genéticamente idénticas comportan la misma susceptibilidad frente a plagas o enfermedades.

3. LA REPRODUCCIÓN A TRAVÉS DE ESPORAS

Algunas plantas como los musgos y los helechos no tienen flores ni semillas y se reproducen por esporas.

Foto: El helecho "Nephrolepis exaltata"es uno de los más utilizados en jardinería de interior.

Las estructuras reproductivas de los helechos se encuentran en el envés de las "frondas" (hojas) y son pequeñas manchas de color oscuro que se aprecian a simple vista. Estas manchas se denominan "soros" y en su interior se encuentran las células llamadas "esporas" que son las encargadas de dar origen a nuevas plantas.

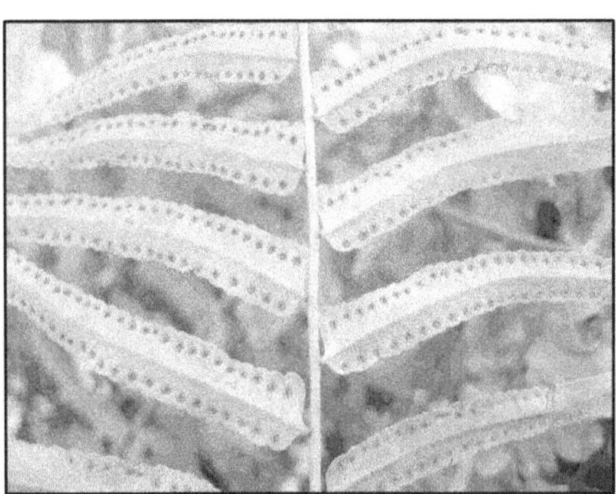

Foto: Detalle de los soros en el envés de las frondas

TEMA 2. TÉCNICAS DE PRODUCCIÓN POR SEMILLA

TEMA 2. TÉCNICAS DE PRODUCCIÓN POR SEMILLA

Ya hemos visto los mecanismos que las plantas utilizan en la naturaleza para reproducirse de una manera sexual.

En este tema veremos las técnicas de recolección y conservación de semillas, técnicas de siembra y algunos aspectos relacionados con el empleo de sustratos y contenedores.

1. RECOLECCIÓN DE SEMILLAS

Un vivero puede comprar las semillas a otros viveros especializados. Sin embargo, en muchas ocasiones el viverista opta por recolectar sus propias semillas, bien porque quiere producir especies cuyas semillas no se encuentran fácilmente en el mercado, o bien porque puede disponer de ellas y quiere abaratar costes.

La elección del lugar donde vamos a recolectar las semillas en muy importante y debe hacerse en base a unos criterios técnicos. Si se trata de especies agrícolas u ornamentales lo más usual es buscar rodales aislados donde se cultive la especie en cuestión y tengamos la seguridad de que no se puedan dar polinizaciones cruzadas. En el caso de las especies forestales se seleccionan los rodales en las áreas donde se pretenden realizar las futuras repoblaciones con el fin de obtener plantas adaptadas a esas condiciones.

Si queremos una semilla de calidad, habrá que tener cuidado en algunos aspectos:

- Recolectar las semillas de plantas que presenten un buen aspecto, estén sanas y no tengan frutos deformes.

- Evitar recolectar todas las semillas de una sola planta, es recomendable que procedan de plantas diferentes.

- Comprobar que las semillas están en un estado de madurez adecuado, aunque en este aspecto influye mucho la experiencia del recolector.

- Procurar la uniformidad en las semillas seleccionadas (mismo aspecto y tamaño) y con ausencia de impurezas (tierra, hojas, etc.).

- Recolectar las semillas de copa o del suelo según el tipo de especie

Hay que tener en cuenta que el éxito o fracaso de una producción puede estar en una mala elección en el momento de la recolección. Por eso es muy importante llevar un registro de los lotes recolectados con el fin de poder averiguar posibles fallos en caso de porcentajes de germinación bajos.

Estos datos pueden ser registrados en forma de ficha que puede variar según el tipo de planta (hortícola, frutal, ornamental, forestal), pero que deben contener datos relevantes como: nombre científico (Familia, Género, especie, variedad), fecha de recolección, lugar geográfico (coordenadas y descripción del entorno), tipo de fruto, estado de madurez (describir color u otras características, obtención del fruto o semilla (copa o suelo), forma de recolección (manual o mecanizada), etc.

2. EXTRACCIÓN DE SEMILLAS EN LAS PLANTAS CON FRUTOS

Ya vimos en el tema anterior que las plantas con frutos (plantas angiospermas) tienen sus semillas protegidas en el interior de los mismos, por tanto, las semillas las podemos obtener simplemente recolectando los frutos y procediendo a su extracción.

2.1 EXTRACCIÓN DE SEMILLAS DE FRUTOS CARNOSOS

Para la extracción de las semillas debemos eliminar la parte blanda del fruto que las rodea, para ello procederemos a la "maceración" que consiste simplemente en sumergir en agua el fruto para ablandar lo máximo posible la parte a eliminar.

Fotos: Maceración de frutos carnosos

2.2 EXTRACCIÓN DE SEMILLAS DE FRUTOS SECOS

La extracción de semillas en este tipo de frutos es muy sencilla, pues basta con romper la cáscara protectora.

En algunos casos se puede proceder al secado en estufa para favorecer la apertura del fruto.

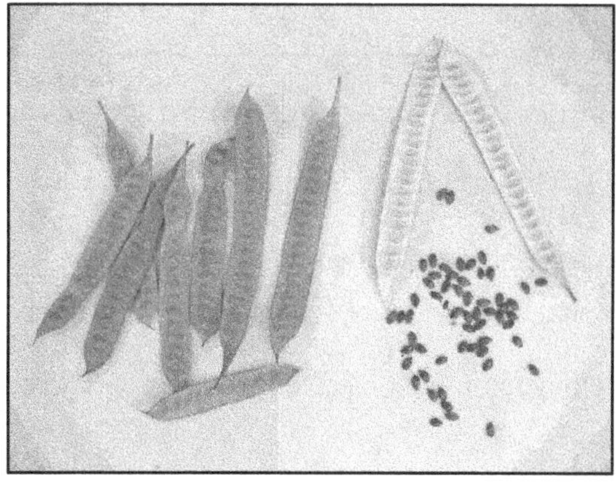

Foto: Extracción de semillas de vainas

3. EXTRACCIÓN DE SEMILLAS EN LAS PLANTAS SIN FRUTOS

En el caso de las plantas sin frutos (plantas gimnospermas) bastará con recolectar los órganos de reproducción femeninos y, a continuación, separar las semillas.

En el caso de algunas coníferas, como los pinos, la extracción de semillas se puede realizar sacudiendo ligeramente las "piñas".

Foto: Piña y semillas de "Pinus canariensis"

En el caso de las Cycas, las semillas se pueden separar fácilmente de los órganos sexuales femeninos que tienen forma de hoja y tienen un color marrón-dorado. En los bordes de estas hojas carpelares es donde se sitúan los óvulos y, por tanto, donde se desarrollan las semillas.

Foto: Hoja carpelar y semillas de "Cyca revoluta"

4. CONSERVACIÓN DE LAS SEMILLAS

Una vez recolectadas las semillas debemos almacenarlas y conservarlas en condiciones adecuadas para garantizar su capacidad de germinación cuando llegue el momento de la siembra.

Los daños en las semillas durante el periodo de almacenamiento se deben a dos motivos fundamentales:

a) Daños causados por agentes externos como insectos y hongos. Para proteger a la semilla de posibles plagas y enfermedades, se pueden emplear insecticidas o fungicidas específicos o someter a la semilla a un tratamiento de calor, en remojo a 50ºC durante una hora o empleando calor seco mediante estufas, pero hay que tener cuidado con el tiempo de exposición al calor pues se puede dañar al embrión, sobre todo en especies sensibles a este tratamiento.

b) Agotamiento debido a la actividad respiratoria del embrión. La actividad respiratoria ocasiona el consumo de las sustancias de reserva de la semilla y, si ésta se prolonga en exceso, puede dar lugar al agotamiento completo de las reservas y como consecuencia la muerte del embrión.

Para que la actividad respiratoria se mantenga en valores mínimos, tanto la temperatura ambiental como la humedad interna de la semilla deben de mantenerse en valores bajos.

Se ha demostrado que la longevidad de la semilla puede duplicarse:

- por cada 5º C de reducción de la temperatura ambiental

- por cada 1% de reducción de su humedad interna.

En base a lo anteriormente expuesto, asegurarnos una semilla de calidad y evitar almacenar material inservible actuaremos para cada lote recolectado de la siguiente manera:

1º)   Una vez extraídas las semillas y eliminadas las impurezas, se procede a su desecado en un ambiente de baja humedad relativa. Podemos secar las semillas sobre un papel a temperatura ambiente si el local es el adecuado o podemos utilizar estufas de laboratorio teniendo cuidado de respetar los tiempos de exposición según la especie para no dañar al embrión.

Fotos: Secado sobre papel (izquierda) y secado en estufa (derecha)

2º) Inspección sanitaria.

Se debe realizar un examen visual en laboratorio y desechar aquellas semillas que presenten picadas, coloraciones extrañas o formas irregulares que puedan ser indicio de estar afectada por alguna plaga o enfermedad

3º) Cálculo de la Pureza específica

Es el porcentaje en peso de semillas de un lote que pertenecen a la especie seleccionada. El resto pueden ser otros elementos como semillas de otras especies, pequeños restos vegetales, tierra, etc. que aparecen como consecuencia de la contaminación que sufre la muestra en el proceso de recolección y manipulación.

4º) Cálculo del Poder de Germinación.

Es el porcentaje de semillas que germinan y dan lugar a plántulas normales.

Para su determinación se cogen grupos de 100 semillas y se realiza un test en laboratorio utilizando cámaras de germinación o simplemente colocando las semillas en papel húmedo en un ambiente de 20-25ºC. Sin embargo es mucho mejor colocarlas en el medio de cultivo que se va a utilizar en el vivero, ya que el ensayo es mucho más real y nos da una idea más exacta de lo que va a ocurrir con ese lote de semillas en nuestras condiciones de cultivo.

5º) Se deben desechar los lotes que presenten porcentajes de germinación bajos. El problema reside en que determinadas especies presentan naturalmente índices de germinación muy bajos y otras especies muy altos por lo que habría que estudiar previamente el tipo de especie y fijar el porcentaje de germinación medio aceptable. Por norma general y para la mayoría de especies índices por debajo del 60% indican lotes de poca calidad y deberían de ser desechados.

6ª) Posteriormente procedemos a su envasado en recipientes herméticos y almacenamiento en cámaras frigoríficas.

Foto: Almacenado de semillas en cámara frigorífica.

Se recomienda como condición estándar para la conservación de semillas a medio plazo (de 1 a 10 años) un contenido de humedad del 6% y una temperatura de 2ºC, mientras que para la conservación a largo plazo (más de 10 años) se recomienda un contenido de humedad del 4% y una temperatura de -18ºC.

Estas semillas que son capaces de permanecer viables durante largos periodos de tiempo son las que llamamos "ortodoxas".

Sin embargo hay que tener en cuenta que existen otro tipo de semillas que llamamos "recalcitrantes" que no responden al tipo de conservación anterior, ya que no pueden sobrevivir si se deshidratan y, por tanto, deben sembrarse lo antes posible. Este es el caso de las especies que proceden de zonas cálidas y húmedas como, por ejemplo, las plantas del género "Anthurium", que solo pueden almacenarse durante algunas semanas con un elevado contenido en humedad.

5. TRATAMIENTOS ESPECÍFICOS PREVIOS A LA SIEMBRA

5.1 TRATAMIENTOS CONTRA LETARGOS

En muchas especies podemos observar que la semilla pasa por un periodo de su vida en el que la respiración es mínima, los intercambios nutritivos son nulos y no hay crecimiento, es decir, la actividad de la semilla está reducida al mínimo y por tanto no está preparada para germinar.

Esta reducción temporal de actividad que denominamos "vida latente" o "letargo" puede durar más o menos tiempo hasta que las condiciones ambientales sean apropiadas.

Las semillas procedentes de plantas tropicales tienen periodos de latencia muy cortos mientras que las especies de climas templados y fríos tienen periodos de latencia largos. Esto es debido a que las semillas de especies de climas templados o fríos deben estar preparadas para pasar de forma aletargada el invierno, donde las condiciones ambientales son adversas y germinar meses después en primavera donde las posibilidades de subsistir y asegurar la descendencia de la especie son mucho mayores.

A continuación veremos los tratamientos que se pueden realizar contra los distintos tipos de letargo.

5.1.1 Tratamiento contra letargo endógeno o embrionario.

El letargo endógeno o embrionario produce un bloqueo en el crecimiento del embrión.

Las causas de este tipo de letargo son poco conocidas y se supone que el origen de dicho bloqueo puede ser genético.

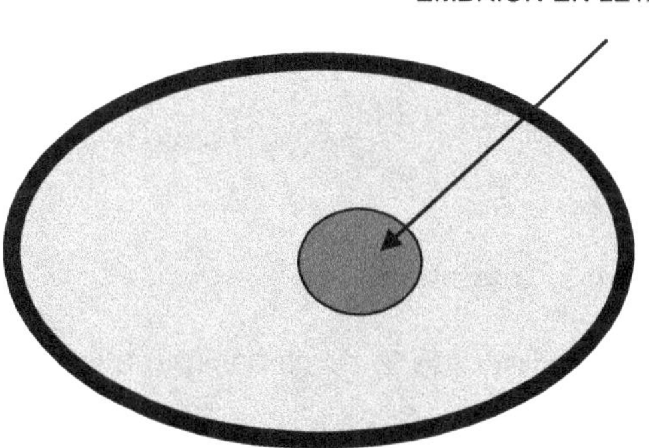

El tratamiento para vencer este tipo de letargo suele ser la estratificación que consiste en enterrar las semillas durante 60-90 días en una capa de sustrato formado normalmente por arena o por una mezcla de turba-perlita.

5.1.2 Tratamiento contra letargo exógeno o tegumentario

El letargo exógeno o tegumentario se produce cuando los tegumentos de las semillas dificultan el desarrollo de embrión y puede ser debido a:

- Impermeabilidad al agua.

- Impermeabilidad al aire.

- Tegumentos muy resistentes que dificultan la salida del embrión.

- Tegumentos ricos en agentes químicos inhibidores de la germinación.

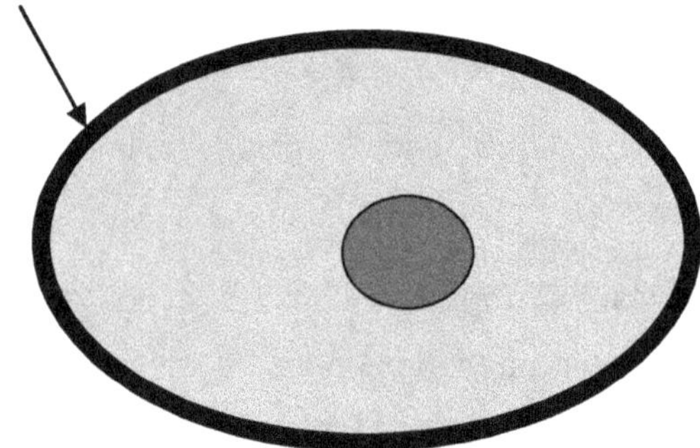

Los tratamientos que se pueden realizar para vencer este tipo de letargo son:

a) Escarificado mecánico. Manualmente frotando la semilla con papel de lija o mecánicamente con volteadoras que tengan las paredes rugosas.

b) Escarificado químico. Se sumerge la semilla en algún producto corrosivo, normalmente ácido sulfúrico o ácido nítrico diluidos, durante un periodo de tiempo variable según la especie (de 1 a 6 minutos) produciéndose el ablandamiento de la cubierta.

c) Inmersión en agua.

- Con agua caliente: Se suelen sumergir cuando el agua alcanza temperaturas cercanas a la ebullición (75-100 ºC) y se dejan hasta que enfríe el agua.

- Con agua fría: Se dejan a remojo de 1 a 2 días.

5.1.3 Tratamiento contra letargos complejos

Los letargos complejos son el resultado de la combinación de los dos anteriores (embrionarios y tegumentarios).

Lo más adecuado en estos casos es realizar un tratamiento químico, sumergiendo la semilla durante 3 o 4 días en una disolución hormonal con la concentración recomendada por la marca comercial.

Las sustancias más empleadas son:

- Las giberelinas. Son hormonas vegetales, siendo el ácido giberélico el más empleado.

- Las citoquininas. Son hormonas naturales del crecimiento que estimulan la germinación.

5.1.4 Tratamiento contra letargos inducidos

Los letargos ligados al medio son los llamados "letargos inducidos" y están relacionados con los factores ambientales que rodean a la semilla.

Los factores que pueden producir este tipo de letargo y su posible solución son:

- **La luz**. En la mayoría de las especies un exceso de luz debido a una inadecuada profundidad de siembra puede provocar que la semilla no germine, es lo que se conoce como "fotoletargo". Se debe por tanto corregir la profundidad de siembra si se quiere evitar este letargo.

- **Exceso de agua.** La semilla deberá estar en un medio adecuado en el cual no se produzcan encharcamientos para evitar problemas de asfixia.

La solución en este caso radica en corregir la frecuencia de riego o elegir un sustrato y un contenedor adecuado que permita el drenaje evitando así encharcamientos.

- **La temperatura.** Algunas especies están preparadas para pasar el invierno y germinar en primavera, por tanto si la semilla no pasa un periodo de frío la semilla no germinará, es lo que llamamos "termoletargo".

Para vencer este tipo de letargo debemos simular artificialmente las condiciones frías del invierno colocando las semillas durante un tiempo (de 2 a 4 semanas) en cámaras frigoríficas (4-8ºC), de esta forma las semillas creerán haber pasado el invierno y estarán dispuestas a germinar.

ESQUEMA RESUMEN

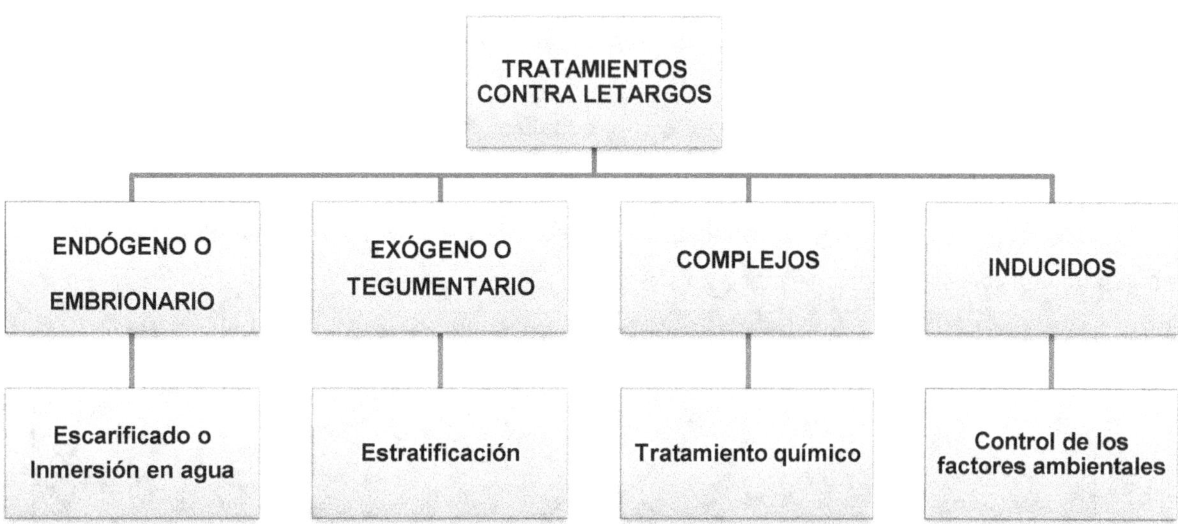

5.2 PILDORACIÓN

Esta técnica consiste en englobar cada semilla en un material inerte, normalmente arcilla, para uniformizar la forma y tamaño de las semillas facilitando así el manejo mecánico de las semillas de pequeño tamaño o de formas irregulares.

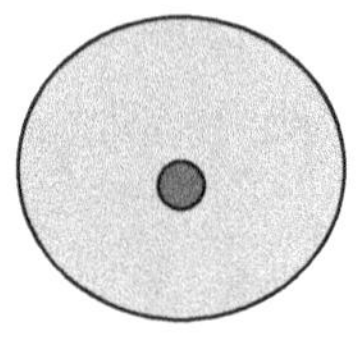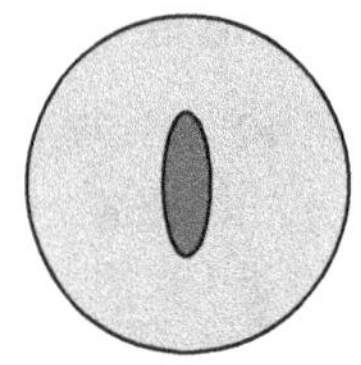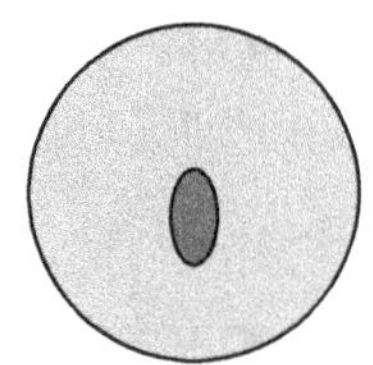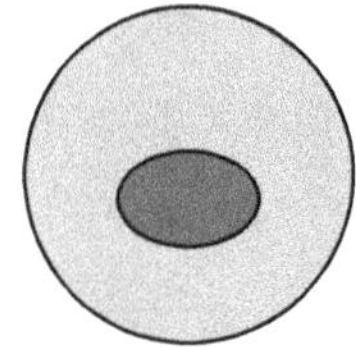

SEMILLAS PILDORADAS

5.3 RECUBRIMIENTO

Consiste en aplicar sobre la superficie externa de la semilla algún tipo de aditivo que ayude a la nueva planta en sus primeras fases de desarrollo. Los aditivos que normalmente se utilizan son fungicidas, nutrientes o bacterias nitrofijadoras.

A diferencia de la pildoración el recubrimiento se adapta a la forma individual de la semilla y normalmente no modifica significativamente su tamaño.

SEMILLAS CON RECUBRIMIENTO

6. LA SIEMBRA

6.1 ASPECTOS GENERALES

Lo más habitual en plantas ornamentales es realizar la siembra en bandejas, contenedores o mesas de germinación.

Puede realizarse manualmente aunque la mayoría de viveristas utilizan sistemas mecánicos que permiten un considerable ahorro de mano de obra.

Fotos: sembradora mecánica.

Algunos de los aspectos a tener en cuenta son:

- **Profundidad de siembra.**

En especies con semillas muy pequeñas, un exceso o defecto de profundidad puede tener resultados negativos.

En general es suficiente que la semilla esté ligeramente cubierta con el fin de evitar los rayos del sol y para que la pequeña planta que empieza a desarrollarse no tenga problemas de emergencia. Como norma general se suele decir que la profundidad de siembra debe ser como máximo el doble del diámetro de la semilla.

- **Humedad**

Una humedad estable es imprescindible para una buena germinación y posterior desarrollo de la planta por lo que el sistema de riego utilizado debe proporcionar una niebla artificial constante.

- **Temperatura**

Cada especie tiene su temperatura óptima de germinación, por tanto cuanto más alejados estemos de esta temperatura más días tardará la semilla en germinar.

En la mayoría de los casos la temperatura óptima de germinación se sitúa alrededor de los 20ºC.

6.2 DOSIS DE SIEMBRA

6.2.1 Dosis de siembra en contenedor

Si se utilizan bandejas específicas con alveolos o contenedores individuales lo normal es calibrar las máquinas para que siembren una o dos semillas por alveolo o contenedor.

Solo en algunos casos interesa sembrar tres o cuatro semillas como por ejemplo:

- ✓ Especies que presentan de forma natural porcentajes de germinación bajos
- ✓ Especies de porte poco frondoso que interesa formen un grupo de tres o cuatro plantas dando más vistosidad al conjunto.

6.2.2 Dosis de siembra en el terreno

Cuando se va a sembrar directamente en el terreno, necesitamos calcular cuantas semillas por metro cuadrado debemos utilizar para obtener una determinada cantidad de plantas.

Podemos hacer este cálculo con la siguiente fórmula:

$$P = \frac{NP}{NS \times PU \times PG \times K}$$

Siendo:

P=Peso de semillas a emplear por metro cuadrado

NP=Número de plantas a producir por metro cuadrado

NS=Número de semillas por kilo

PU=Pureza de la semilla en tanto por uno

PG=Poder germinativo en tanto por uno

K=Coeficiente del vivero

No todas las semillas que germinan acaban comercializándose posteriormente como planta, ya que a lo largo del cultivo se van a producir pérdidas. Siempre puede haber fallos en los cuidados de mantenimiento (podas, abonado, riego, etc.). Este coeficiente "K" tiene en cuenta estas pérdidas. Si el vivero está bien organizado y gestionado las pérdidas no tienen por qué sobrepasar un 20% de las plántulas inicialmente desarrolladas, por lo que el valor "K" debe situarse sobre K=0,8. En caso de tener mayores pérdidas habría que revisar los protocolos de actuación para detectar posibles fallos en la gestión del vivero.

7. ENVASES

7.1 ASPECTOS A TENER EN CUENTA

El envase limita el espacio físico donde se va a desarrollar el sistema radicular y por tanto habrá que estudiar con detalle el tipo de envase a utilizar, ya que unas raíces bien formadas asegurarán una mayor calidad de la planta a comercializar. Son muchos los tipos de envase que existen hoy día en el mercado y la decisión de utilizar unos u otros debe estar fundamentada en los siguientes aspectos:

a) Volumen

Debe estar acorde con el tamaño del sistema radicular que se pretende alcanzar y por tanto depende de varios factores como la especie, tamaño deseado de la planta, duración del periodo de cultivo y tipo de sustrato a emplear.

Un volumen menor del necesario provocará que las raíces no crezcan adecuadamente produciéndose problemas de nutrición y estabilidad de la planta, mientras que un volumen mayor del necesario generará gastos innecesarios en sustratos, mayor coste de los envases y mayor esfuerzo para manipularlos.

b) Funcionalidad

Debemos aseguramos de que el envase es funcional, es decir, permite la mecanización de los trabajos, es manejable, fácil de transportar y apilar, en definitiva, cualquier característica que pueda abaratar los costes de producción sin afectar a la calidad de la planta.

Foto: Bandejas de fácil manejo, transporte y almacenamiento

7.2 TIPOS DE ENVASE

7.2.1 Bandejas

Básicamente nos encontramos con dos modalidades:

a) Bandejas sin alveolos.

Son indicadas para realizar siembras a "voleo" cuando se trata de semillas de tamaño muy pequeño.

Foto: Bandeja sin alveolos con siembra a voleo

Su principal inconveniente es que las plantitas al no estar compartimentadas individualmente compiten por el espacio y los nutrientes, provocando que los sistemas radiculares se crucen entre sí lo que dificulta el posterior trasplante. Para evitar esto es conveniente realizar aclareos cada cierto tiempo para que cada planta se desarrolle con el espacio necesario.

b) Bandejas con alveolos

Estas bandejas se componen de una serie de alveolos o huecos donde se depositan las semillas o esquejes. Están construidos con materiales ligeros como el poliestireno expandido (corcho blanco) o polietileno y existen multitud de modelos en función del tamaño y número de alvéolos, así como de su posible reutilización o no.

Su principal ventaja es que cada planta crece en su propio alveolo o compartimentación, con lo que además de no competir con otras plantas por el espacio nos facilita las posteriores labores de repicado y trasplante.

Fotos: Bandejas con alveolos de polestireno expandido (izquierda) y de polietileno (derecha)

7.2.2 Macetas.

a) Macetas plásticas

Se suelen clasificar según el diámetro y altura o según el volumen que son capaces de albergar.

Podemos encontrar tamaños muy variables, desde 2,5cm de diámetro y 3cm de alto, hasta macetas de gran capacidad (1.500 litros) para transportar árboles o palmeras.

Foto: Cultivo de planta ornamental en macetas plásticas de varios tamaños

b) Macetas de barro

Los dos inconvenientes que presenta este tipo de envase son su elevado peso y fragilidad por lo que solo se utiliza cuando se pretende comercializar la planta con el envase dándole así un valor estético añadido.

7.2.3 Bolsas de polietileno.

Es un envase muy barato y muy ligero que se utiliza mucho en viveros ornamentales, sobre todo para comercializar arbustos.

Hay que tener especial cuidado en no sobrepasar el tiempo de permanencia que se haya estipulado para cada especie, pues pueden producirse una espiralización de la raíz que además de dificultar la extracción del cepellón le causará problemas de nutrición y estabilidad.

Foto: Cultivo de plantas en bolsas de polietileno

7.2.4 Envases de materiales biodegradables

Suelen estar constituidas por turba prensada, fibra de coco o por cartón reciclado y se comercializan en forma de pastillas para semillas o pequeñas macetas para esquejes.

Foto: Envases de turba prensada

7.2.5 Bandejas forestales

Las peculiaridades que distinguen a las bandejas forestales de las ornamentales son básicamente dos:

- Interior del envase.

Es estriado o acanalado en vertical y hacia abajo para garantizar que no se produzca el enroscamiento de las raíces. Estas raíces enroscadas, con el tiempo y la acumulación de su crecimiento en grosor, acaban por estrangular el flujo de savia y por matar al árbol.

- Fondo o laterales del envase.

Deben presentar una abertura, para permitir la salida al exterior de las raíces que se secarán al estar en contacto con el aire, dando lugar al "repicado" (generación de nuevas y pequeñas raíces bien conformadas).

Obviamente, esto exige disponer los envases al aire y nunca en contacto con el terreno. Deben evitarse especialmente los fondos de envase con irregularidades en las que pueda estancarse el agua.

Fotos: Bandejas forestales

7.2.6 Mesas-semillero

Cuando la producción es a gran escala se pueden utilizar mesas-semillero donde se realiza una siembra a voleo para posteriormente trasplantar las plántulas germinadas a otro tipo de contenedor.

Fotos: Mesa-semillero donde se realiza una siembra de cactus "a voleo" (izquierda) y posterior germinación (derecha)

8. SUSTRATOS PARA SEMILLEROS

8.1 PROPIEDADES DE LOS SUSTRATOS

El sustrato constituye el medio donde se desarrolla el sistema radicular de la planta y por tanto debe de proporcionar a la planta: soporte físico, aire, agua y nutrientes.

Para cumplir con estos requisitos de una manera adecuada, es necesario que tenga unas buenas propiedades físicas, químicas y biológicas.

a) Propiedades físicas

Son más importantes que las químicas porque una vez colocado el sustrato en el envase ya no se pueden modificar.

Las propiedades físicas a tener en cuenta son:

- Porosidad.

Los espacios comprendidos entre las partículas del suelo se denominan poros y son los encargados de almacenar el agua y el aire necesarios para el funcionamiento correcto de la vida de los microorganismos y de las plantas.

Los poros se dividen en dos categorías:

- ✓ Macroporos. Espacio entre partículas grandes. Drenan fácilmente y se llenan de aire.

- ✓ Microporos. Espacio entre partículas pequeños. Retienen el agua.

- Textura.

La textura es una característica del sustrato que hace referencia a la composición granulométrica y ésta a su vez viene determinada por el tamaño de las partículas que lo componen.

Los sustratos que están compuestos por partículas muy pequeñas presentan una textura arcillosa y hacen que el cepellón de las plantas se apelmace o compacte en exceso, por el contrario, los sustratos de textura arenosa están compuestos por partículas grandes y provocan que el cepellón se desmorone en las operaciones de trasplante.

Un sustrato de textura franca tiene una proporción adecuada de partículas pequeñas y grandes, dándole una estabilidad adecuada al cepellón de la planta.

Foto: cepellón con sustrato estable (textura franca)

b) Propiedades químicas

- pH.

El pH es un parámetro que mide la acidez del sustrato. Los valores entre los que puede oscilar el pH son de 1 a 14. Así podemos clasificar los sustratos de la siguiente manera:

✓ Sustratos ácidos: pH < 7

✓ Sustatos neutros: pH = 7

✓ Sustratos básicos: pH > 7

El sustrato ideal debe ser ligeramente ácido (5,5 – 6) con lo que se favorecerá la mejor absorción de los nutrientes y se controlan mejor las principales enfermedades.

- Capacidad de intercambio catiónico. (CIC)

Mide la capacidad que tiene un sustrato para proporcionar los nutrientes necesarios a la planta o almacenarlos hasta que ésta disponga de ellos.

c) Propiedades biológicas

Cualquier substrato debe de estar exentos de elementos patógenos, por ello, se deben de utilizar sustratos estériles.

Es importante también vigilar que durante todo el proceso que siga la planta en vivero el sustrato no contenga un exceso de elementos nutritivos ya que éstos son precursores de aparición de ciertos tipos de toxicidad o de algunas enfermedades.

8.2 FORMULACIÓN DE SUSTRATOS

Generalmente se suelen usar en la formulación de los sustratos un componente orgánico, un componente inorgánico y en muchas ocasiones se añade a la mezcla un abono de liberación lenta que alimente a la plántula en los primeros meses de vida.

También puede incorporarse al sustrato algún tipo de "hidrogel" que aumente la retención de agua y en algunos casos obtienen buenos resultados añadiendo micorrizas a la mezcla. Las micorrizas son hongos que en simbiosis con las raíces de la planta permiten un mejor desarrollo y crecimiento de la planta, ya que captan para ella agua y nutrientes del entorno.

La utilización de hidrogeles y micorrizas suele hacerse en viveros forestales, ya que este tipo de planta necesita una ayuda "extra" al tener que pasar tras la repoblación largos periodos de tiempo sin cuidados en el monte.

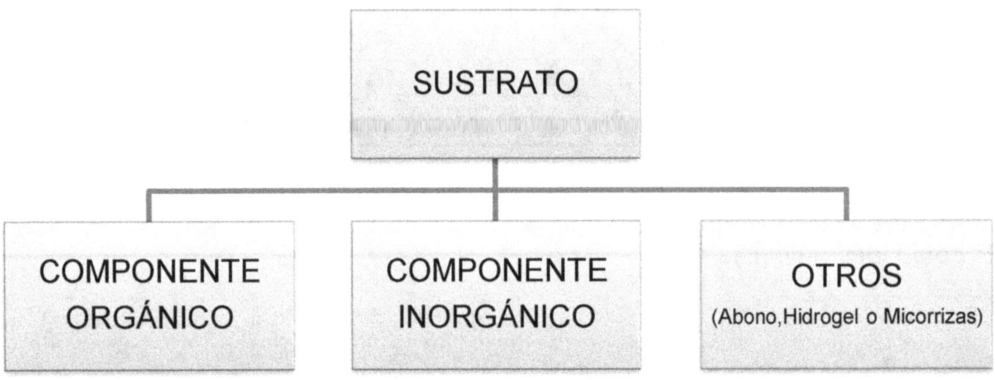

8.3 COMPONENTES ORGÁNICOS DE LOS SUSTRATOS

La proporción de materiales orgánicos suele ser variable, según las características de la especie a reproducir, pero normalmente suelen constituir cerca del 60% del total del sustrato y cumplen con las siguientes funciones:

- Proporcionan gran cantidad de microporos, lo que se traduce en una alta capacidad de retención de agua, siendo además bastante elásticos para resistir la compactación.

- Retienen los nutrientes y pueden alimentar a la planta gracias a su alta capacidad de intercambio catiónico (CIC).

Los componentes orgánicos más usados son:

a) Turba

Ha sido hasta hace poco el material más empleado y la base para cualquier sustrato.

La turba se forma por la descomposición parcial de plantas acumuladas bajo el agua en zonas con temperaturas bajas y sin oxígeno.

El material vegetal que origina la turba puede ser muy diverso, dando así distintas calidades de turba, pero los musgos del género *Sphagnum* por sus características físico-químicas son las que forman la turba de mayor calidad y por tanto ha sido una de las más utilizadas por los viveristas. Para la obtención de este material se tienen que desecar los terrenos donde se ha formado y, después de su extracción, tratar y esterilizar el material.

La comercialización de este material ha disminuido ligeramente en los últimos años debido al impacto ambiental que esta actividad provoca, no solo por el daño que causa sobre las reservas de agua sino por el perjuicio que provoca a una amplia diversidad de especies dependientes del microclima específico de las turberas naturales.

Actualmente se están empleando métodos alternativos como su cultivo artificial en grandes tanques de agua.

b) Fibra de coco

El cocotero es una especie muy cultivada en toda la zona tropical. Una de las múltiples utilidades de esta especie es el uso del material fibroso que recubre los frutos como componente orgánico del sustrato.

Tiene características similares a la turba aunque la mojabilidad y la rehidratación posterior son mayores.

Foto: Fibra de coco que se suele comercializar en forma de pastillas.

c) Compost

El compost es el abono que se obtiene cuando se descomponen residuos orgánicos. En muchas ocasiones resulta muy interesante la realización de compost para su utilización en el vivero, ya que puede solucionar el problema de la gestión de los residuos vegetales, resultando mucho más barato que comprar otros materiales como turba o fibra de coco.

El compostaje es el proceso de descomposición controlada de la materia orgánica y se puede realizar de una manera sencilla siguiendo los siguientes pasos:

- Preparar una base. Lo ideal es que sea sobre un suelo suelto para que el excedente de agua de la parte superior pueda drenar sin dificultad.

- Los restos vegetales deben ser desmenuzados. Cuanto más pequeños sean más rápido serán transformados por los microorganismos.

- El montón debe tener unas dimensiones máximas de 2,5 metros de ancho por 1,4 metros de alto.

- Si se dispone de varios elementos, lo ideal es alternarlos en capas: una primera capa de materia orgánica seca (restos leñosos de poda), una segunda capa de materia orgánica fresca (restos herbáceos de poda, césped, malas hiebas o estiercol) y una tercera capa de tierra (preferiblemente tierra arcillo-limosa)

- Mezclar bien estas tres capas volteando los materiales.

- Inocular el montón con microorganismos aeróbicos.Estos microorganismos son fundamentales, ya que se encargan de descomponer los materiales y convertirlos en "humus" en un plazo aproximado de 6 a 8 semanas.

- Hay que proporcionar al montón de compost una cubierta de protección. Normalmente se utilizan materiales geotextiles que son permeables a los gases que se producen en el proceso y además protegen de la lluvia y el sol.

- Se debe controlar durante todo el proceso que la temperatura sea inferior a 65ºC y que la concentración de CO2 no exceda del 20%. Para ello se debe regar y voltear el montón con frecuencia.

Foto: Compost realizado a partir de restos vegetales.

8.4 COMPONENTES INORGÁNICOS DE LOS SUSTRATOS

La incorporación de materiales inorgánicos a un sustrato, tiene como función principal la de producir y mantener una estructura de macro poros que aporte aireación y drenaje.

Los materiales más utilizados son:

a) Vermiculita

Es un mineral formado por silicatos de aluminio, hierro y magnesio, de color dorado y brillante

Puede proporcionar este material, la mayoría de las propiedades que se buscan y usan en el cultivo de vegetales:

- Ligero de peso y con una estructura en forma de lámina que genera una gran superficie con relación al volumen, lo que produce una alta capacidad de retención de agua.

- Las láminas o placas tienen numerosos puntos donde fijar cationes tanto interior como exteriormente, lo cual produce una alta capacidad de intercambio catiónico (C.I.C).

- Contiene algo de potasio y magnesio, que son absorbidos muy lentamente por las plantas.

- Con el procesado a altas temperaturas, la vermiculita es completamente estéril, pudiendo volver a reutilizarla, mediante esterilización por calor.

- Aunque variable, el pH tiene un rango próximo al neutro (7,0) lo que es muy alto para el cultivo de coníferas. No presenta en este sentido excesivos problemas, puesto que la vermiculita se usa mezclada con materiales orgánicos ácidos, como las turbas de *Sphagnum* o corteza de pino.

Suele usarse con bastante frecuencia, como sustrato único, en las mesas de cultivo de los invernaderos, para la rizogénesis (enraizado) de esquejes, debido a sus muchas y buenas cualidades como sustrato.

Fotos: Muestra de vermiculita

b) Perlita

Es un mineral de silicato de aluminio de origen volcánico que se encuentra en diferentes países y que después de su extracción, es comprimido y expuesto a altas temperaturas, formándose unas partículas blancas muy ligeras parecidas al corcho blanco.

Las características más destacadas de la perlita son:

- Los sustratos que contienen perlita drenan muy bien y son ligeros.

- Por el proceso de fabricación (alta temperatura), este material inorgánico es totalmente estéril.

- El pH también se sitúa en la banda de los neutros, pero no es un problema significativo, dado que al igual que la vermiculita, normalmente, se mezcla con componentes ácidos.

- Dada la estructura de células cerradas, la perlita tiende a flotar durante el riego, lo cual no es en realidad un problema de importancia por la poca proporción que se suele colocar en la mezcla.

- Contiene muy pocos nutrientes para las plantas, con un CIC muy bajo.

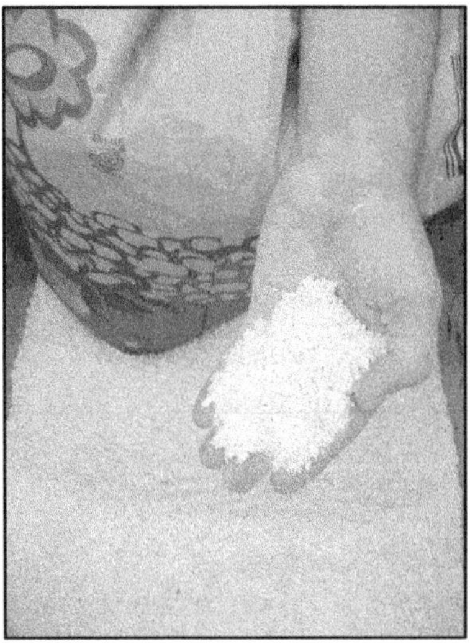

Foto: Perlita

c) Otros

En cuanto a otros materiales inorgánicos que se usan en los viveros, podemos mencionar: **lana de roca** (sobre todo utilizado en cultivo hidropónico), **arlita** (arcilla expandida)**, arena y grava.**

El uso de uno u otro material dependerá de su coste y disponibilidad.

Foto: Distintos tipos de grava

TEMA 3. TÉCNICAS DE PRODUCCIÓN POR MÉTODOS VEGETATIVOS

TEMA 3. TÉCNICAS DE PRODUCCIÓN POR MÉTODOS VEGETATIVOS

Ya vimos en el Tema 1 que la reproducción de plantas por métodos vegetativos o asexuales se basa en la capacidad que tienen los vegetales de generar una nueva planta partiendo de una parte de otra planta, llamada generalmente "planta madre".

Las plantas nuevas que se generan con este método son genéticamente iguales a la planta madre y reciben la denominación de "clon".

En este tema estudiaremos las técnicas más utilizadas para producir plantas de un modo vegetativo.

1. PROPAGACIÓN POR ESQUEJES

Algunas especies pueden desarrollar una nueva planta a partir de fragmentos de tejido vegetal. Habitualmente, éstos tejidos proceden del tallo, hoja o raíz.

El viverista puede explotar este fenómeno para producir planta a escala comercial recolectando los tejidos vegetales adecuados según la especie y colocándolos en un medio favorable para su desarrollo.

1.1 TIPOS DE ESQUEJES

a) Esquejes de tallo

• **Esquejes herbáceos**. Son fragmentos de tallos obtenidos generalmente de zonas apicales de la planta o brotes tiernos. Tienen la ventaja de tener un potencial de enraizamiento alto, pero el inconveniente de que pierden agua rápidamente por lo que el periodo de supervivencia puede ser bastante corto

Foto: esquejes herbáceos de "Lavandula officinalis" (sin enraizar) y de "Iresine herbistii" (enraizados)

• **Esquejes semileñosos.** También llamados "estaquillas", son fragmentos de tallos obtenidos de ramas jóvenes. No son tan delicados de manejo como los herbáceos y no son tan propensos a marchitarse.

- **Esquejes leñosos.** También llamados "estacas", se toman de tallos ya formados que se encuentran en estado de latencia, por lo que tardan mucho más tiempo en enraizar, pero son robustos y no suelen secarse.

Estos esquejes deben tener en su parte superior una yema apical y una o varias laterales, donde se desarrollaran las nuevas ramas y en su parte inferior (parte que va enterrada en el sustrato), dos o más yemas donde se desarrollarán las nuevas raíces.

b) Esquejes de hoja

Otras especies son capaces de regenerar un nuevo ejemplar a partir de una hoja o parte de ella. Entre estas especies se encuentran las pertenecientes a las familias de las Crasulaceas, Begoniaceas y Gesneriaceas.

Foto: Esquejes de hoja de una planta de la familia de las "Crasulaceas"

c) Esquejes de raíz

Unas pocas especies producen vástagos a partir de de raíces. Generalmente se tratan de especies que generan raíces gruesas y carnosas, con el fin de almacenar alimento para que la raíz sobreviva después de producir los brotes.

Se pueden disponer de forma horizontal y enterradas unos pocos milímetros en una bandeja, o bien se pueden colocar de forma vertical en pequeñas macetas.

Foto: Brotes de un esqueje de raíz de "Mentha spicata"

1.2 FACTORES QUE INTERVIENEN EN EL ENRAIZADO DE LOS ESQUEJES

1.2.1 Estado de la planta madre

La condición de la "planta madre" influye decisivamente en el enraizado de los esquejes, por lo que hay que tener en cuenta algunas recomendaciones:

- Elegir siempre ejemplares sanos, pues las plagas o enfermedades pueden transmitirse fácilmente en las técnicas de propagación vegetativa.

- Desechar el material que presente algún tipo de herida, ya que podría verse atacado por hongos.

- Seleccionar el material de plantas jóvenes, ya que tienen más probabilidad de enraizar, especialmente cuando se encuentran en plena etapa de crecimiento,

- Regar las plantas progenitoras unas horas antes de la recolección de los esquejes, para que los tejidos estén turgentes, en especial si se van a realizar esquejes foliares.

1.2.2 Recolección y conservación

Época de recolección

La mejor época para recolectar los esquejes depende del tipo de especie a reproducir. Con ciertas especies de coníferas se tiene más éxito recolectando en inviernos mientras que para la mayoría de vivaces son mejores épocas primaverales o estivales. Por norma general buscaremos épocas en que la planta se encuentre en desarrollo vegetativo y dejaremos tras la recolección brotes sanos y vigorosos para que la planta madre se recupere con facilidad.

Momento óptimo de recolección

Hay que tener en cuenta que el esqueje debe de estar turgente, es decir, con gran cantidad de agua acumulada en sus tejidos y también deben de estar lo más frescos posible, de esta manera aguantarán mejor su manipulación y no agotarán sus reservas rápidamente. Por ello lo mejor es recolectar a primeras horas de la mañana y procurando haber regado previamente la planta madre.

Tratamiento del corte

El corte del esqueje es una herida abierta por la que pueden entrar todo tipo de infecciones, por ello la precaución principal es utilizar herramientas afiladas, limpias y desinfectadas. Es importante adquirir como rutina la desinfección de la herramienta cuando pasamos de una planta a otra para evitar la transmisión de virus.

Conservación

El tiempo que pasa desde la recolección a la plantación debe ser lo más breve posible. En caso de tener que almacenarlos por algún tiempo lo recomendable es almacenarlos en un ambiente fresco y húmedo para evitar pérdida de agua en los tejidos y utilizar cajas o recipientes desinfectados con algún fungicida para evitar problemas de hongos.

1.2.3 Sustrato para el enraizado

Ya vimos en el tema anterior los tipos de sustratos que se empelaban para los semilleros. En el caso de los esquejes se suelen emplear los mismos. Un sustrato muy utilizado para enraizado de esquejes consiste en una mezcla a partes iguales de "turba y perlita" o "turba y vermiculita".

1.2.4 Temperatura y humedad relativa necesarias

La parte inferior del esqueje es donde se van a formar las raíces mediante un rápido proceso de multiplicación y "diferenciación celular", por tanto es importante que la temperatura sea alta, alrededor de 25ºC, para que exista gran actividad en las células de multiplicación.

Por otra parte, al carecer el esqueje de raíces, no puede reponer ni agua ni alimentos, por lo que interesa que su actividad sea lo menor posible para que no consuma sus reservas. Para reducir la actividad al mínimo debemos de actuar sobre la parte aérea, tomando las siguientes medidas:

- mantener una temperatura baja, alrededor de 15ºC.

- reducir la transpiración del esqueje, que puede conseguirse:

  ✓ manteniendo una humedad relativa muy alta, cercana al 100%, pulverizando frecuentemente agua con "nebulizadores".

  ✓ eliminando algunas hojas o cortando parte de ellas si son grandes.

  ✓ tratando los esquejes con antitranspirantes (muy interesante en época de temperaturas altas).

1.2.5 Empleo de hormonas de enraizado y abonos foliares

Hormonas de enraizado

Para acortar el periodo de enraizado y mejorar el número y calidad de las raíces es habitual el uso de hormonas vegetales.

En cada caso se indicará cual es el más interesante pero tenemos que tener siempre presente que estos productos solos no son suficientes y que lo importante primero es cumplir las condiciones vistas de temperatura y humedad.

Pueden venir comercializadas en forma de polvo o en soluciones líquidas. La aplicación de estas fitohormonas es sencilla y podemos actuar de dos formas:

a) Con tratamiento en polvo

La base de la estaquilla, mojada ligeramente, se sumerge en el polvo 1 ó 2 cm. y luego se sacude con cuidado para quitar lo que sobre.

b) Por inmersión

La base de la estaquilla con una o dos yemas debe estar durante un tiempo sumergida en la solución líquida para que vaya absorbiendo el líquido.

Las concentraciones de producto puro por litro de agua y tiempo de inmersión vendrán indicadas por el fabricante en el recipiente.

Abonos foliares

Hay que tener en cuenta que el esqueje no puede absorber nutrientes por las raíces pero si puede hacerlo a través de las hojas. Por eso es conveniente realizar un "abonado foliar" mediante nebulización, ya que favorece el mantenimiento del esqueje evitando el excesivo agotamiento de la planta.

1.2.6 Utilización de mesas de enraizado

Las "mesas de enraizado" son instalaciones que tienen en la parte baja un sistema de calefacción para aportar calor a la zona inferior del esqueje y en la parte superior un sistema de nebulización para bajar la temperatura y aumentar la humedad relativa.

El sistema de calefacción puede ser eléctrico, formado básicamente por un cable que actúa como resistencia y un termostato que regula la temperatura, o bien puede ser un sistema formado por una red de tuberías que conducen agua caliente.

En cuanto a los sistemas de nebulización, existen numerosos modelos en el mercado actual y suele ser bastante frecuente el cubrir las mesas con plástico para mantener la humedad ambiente.

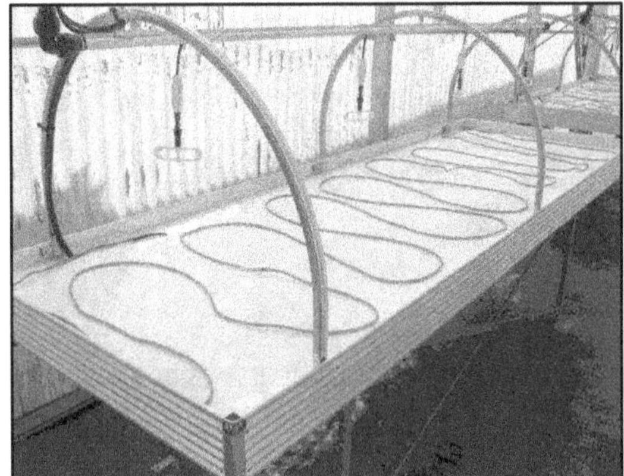

Fotos: Mesa de enraizado con resistencia eléctrica (izquierda) y regulador de temperatura (derecha)

Fotos: Mesas de enraizado con tuberías de agua caliente y cubiertas con plástico

2. PROPAGACIÓN POR ACODO

Es un método de multiplicación vegetativa mediante el cual se provoca la formación de raíces adventicias en tallos que aún están unidos a la planta madre, separándolos posteriormente y originando una nueva planta.

El principal inconveniente es que es un método bastante laborioso y de una planta se pueden obtener muy pocas.

A continuación comentamos los métodos más utilizados:

2.1 ACODO SIMPLE O DE ARCO

Se realiza a principios de otoño o de primavera y consiste en llevar la rama al suelo, enterrando la zona arqueada, en la cual se puede realizar una muesca y emplear hormonas para facilitar la producción de raíces, la punta de la rama se fijará a algún tutor para mantenerla vertical fuera de la tierra.

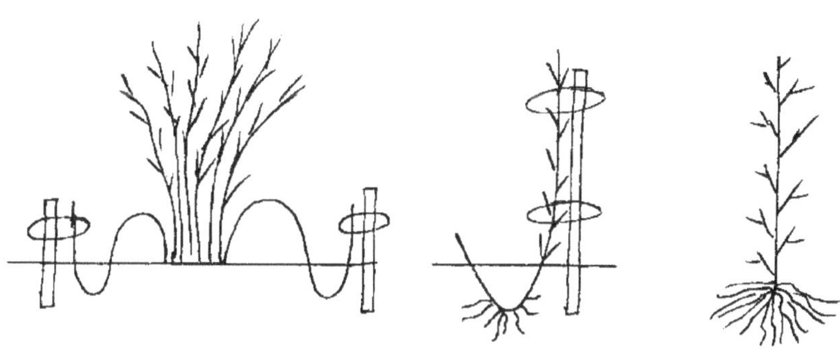

2.2 ACODO COMPUESTO O SERPENTARIO

Se realiza igual que el acodo simple, la única diferencia consiste en que la rama es arqueada y enterrada varias veces.

Se utiliza mucho para reproducir trepadoras ornamentales.

2.3 ACODO DE RAMA ENTERRADA

Se emplea para especies leñosas difíciles de enraizar.

Se cultiva una rama o parte de la planta en posición horizontal en el fondo de una trinchera, cubriendo las bases de los brotes tiernos a medida que se van desarrollando.

2.4 ACODO AÉREO O ACODO CHINO

Se realiza un anillado o unas incisiones en una de las ramas de la planta. A continuación es conveniente untar la herida con hormonas de enraizado y posteriormente se coloca sustrato con una bolsa de plástico negro para evitar la entrada de la luz y la pérdida de agua.

Se realiza en especies tropicales como el Ficus.

3. PROPAGACIÓN POR BULBOS, TUBÉRCULOS, RIZOMAS Y ESTOLONES

Existen especies que, con el fin de sobrevivir en el tiempo o en el espacio, desarrollan órganos especializados para propagarse vegetativamente.

Buena cantidad de especies ornamentales utilizan estos métodos. Por ejemplo tenemos:

- **Bulbos**

Son tallos subterráneos, cortos y abultados.

Ejemplos de especies ornamentales que se reproducen por bulbos son las plantas de los géneros: Hyacinthus, Narcissus y Lilium

Foto: Bulbo de "Lilium"

- **Tubérculos**

Son tallos subterráneos con sustancias de reserva. El ejemplo más típico es la patata, pero también hay especies ornamentales que se reproducen a través de tubérculos como las plantas de los géneros Caladium, Begonia y Sinningia.

Foto: Begonia tuberosa

- **Rizomas**

Son tallos que crecen horizontalmente bajo la superficie del terreno. Las yemas de este tallo subterráneo originan brotes que salen al exterior y se cubren de hojas

Un ejemplo son las plantas del género "Sansevieria" que se reproduce en los viveros mediante separación de hijuelos que surgen del rizoma horizontal subterráneo.

Foto: Rizoma de "Sansevieria"

- **Estolones**

Es un tallo rastrero que se desarrolla horizontalmente. Estos tallos al contacto con la tierra desarrollan nuevas raíces dando lugar a una nueva planta.

La mayoría de las especies cespitosas y rastreras se propagan por estolones.

Foto: Green de un campo de golf formado por la especie cespitosa "Agrostis estolifera" de carácter rastrero y que se reproduce mediante estolones.

4. INJERTOS

4.1 DEFINICIÓN

Realizar un injerto o "injertar" consiste en unir dos plantas o dos partes de dos plantas de tal manera que sigan viviendo como si fueran una sola.

La planta que proporciona la parte aérea se conoce como injerto o variedad.

La parte que proporciona el sistema radicular de la nueva planta recibe el nombre de pie, patrón o portainjerto.

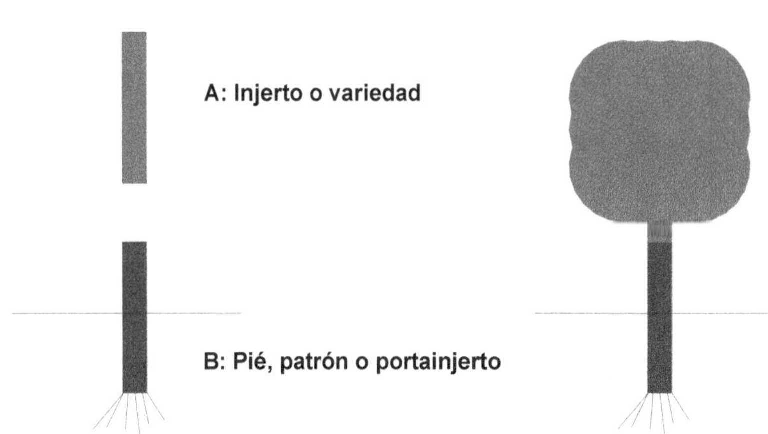

4.2 RAZONES PARA REALIZAR INJERTOS

- Existen determinadas variedades que tienen un gran valor estético pero son muy exigentes en cuanto a las condiciones del suelo, presentando problemas de crecimiento en suelos pobres, por lo que su cultivo no resulta económicamente viable.

Este problema queda solucionado con la utilización de patrones que son mucho menos exigentes y se adaptan con facilidad a todo tipo de suelos, obteniendo plantas de la variedad deseada con un vigor y desarrollo que con otros métodos sería imposible.

- El injerto permite obtener plantas adultas de un modo más rápido que por semilla o por otros métodos asexuales eliminando las características juveniles de la planta que podrían retardar varios años la floración.

- Posibilidad de cambiar variedades en función del mercado.

- Para obtener crecimientos especiales ya que los patrones pueden influir sobre las variedades limitando su crecimiento (patrones enanizantes) o aumentando la vigorosidad de la variedad (patrón vigorizante)

- Para obtener distintos colores en el ramaje de árboles o arbustos.

4.3 CONDICIONES PARA QUE EL INJERTO TENGA ÉXITO

Para que el injerto tenga éxito se deben cumplir los siguientes requisitos:

a) Que patrón y variedad sean compatibles

Las plantas se clasifican botánicamente por la familia, género, especie y variedad. La posibilidad de tener éxito en el injerto empieza por el parentesco o relación entre las plantas. Se ha demostrado que plantas de distintas familias nunca son compatibles, mientras que plantas de misma familia, mismo género, misma especie pero distinta variedad siempre son compatibles. A continuación se expone en forma de cuadro la posibilidad de compatibilidad entre plantas.

FAMILIAS	GÉNEROS	ESPECIES	VARIEDADES	COMPATIBLE
IGUALES	IGUALES	IGUALES	DISTINTAS	**SIEMPRE**
IGUALES	IGUALES	DISTINTAS	DISTINTAS	**CASI SIEMPRE**
IGUALES	DISTINTAS	DISTINTAS	DISTINTAS	**RARAMENTE**
DISTINTAS	DISTINTAS	DISTINTAS	DISTINTAS	**NUNCA**

b) Que el "cambium" del patrón y variedad queden en unión

El "cambium" es una capa de células muy fina (apenas 1 milímetro de espesor) que forman un anillo perimetral justo debajo de la corteza. Estas células son las encargadas de la formación de los tejidos vasculares por los que circula el agua y los nutrientes.

Es por esta razón por lo que es tan importante que el "cambium" del patrón y variedad coincidan, ya que será el responsable de formar una buena soldadura entre ambos.

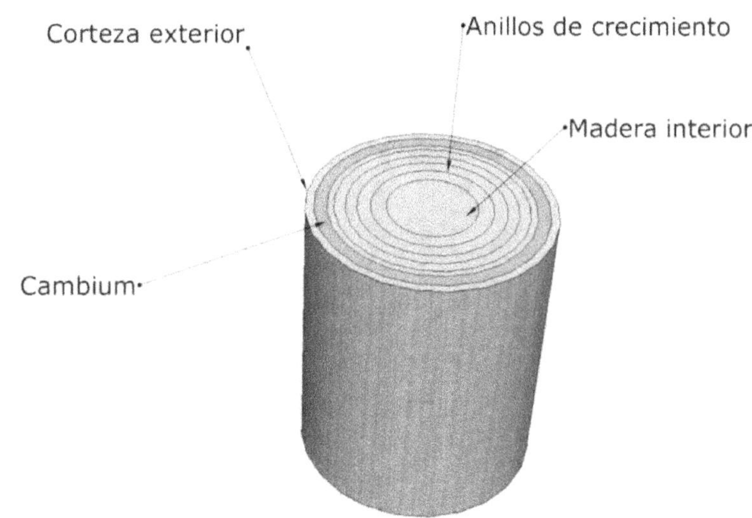

Esquema: Sección de un tallo

c) Que las dos partes estén en actividad

La mejor época es finales de Febrero cuando las especies empiezan a salir del "letargo invernal"

d) Que se protejan las superficies cortadas de la desecación y que no se mueva el injerto

Para la protección existen materiales plásticos diversos y pinturas con aditivos cicatrizantes y fúngicos.

4.4 TIPOS DE INJERTO

4.4.1 Injertos de púa

Presenta distintas modalidades:

a) Inglés o de lengüeta

Este tipo de injerto se recomienda para tallos finos (hasta 2 centímetros de diámetro como máximo), procurando que el patrón y la púa tengan el mismo diámetro.

Una vez ensambladas las piezas, se atan bien con rafia o con cinta especial para injertos y se encera todo para protegerlo de la desecación.

En el caso de que la púa fuese considerablemente más delgada que el patrón, la púa debe colocarse desplazada a un lado, no en el centro, para que se cumpla la máxima de que el "cambium" de ambos elementos coincida

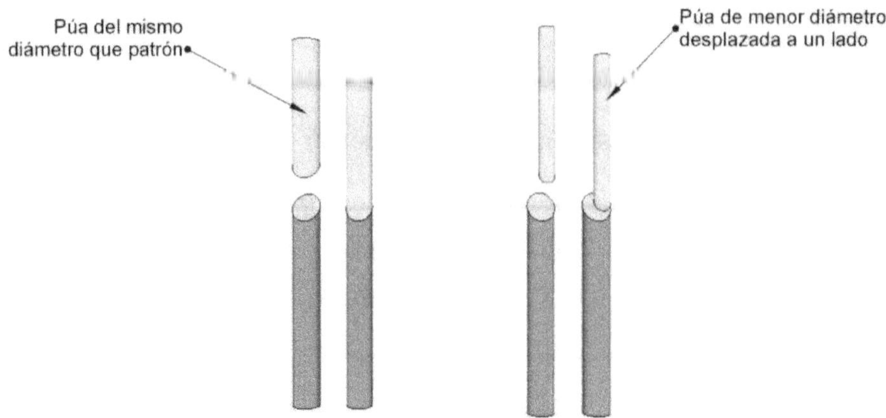

Esquema: Injerto inglés

b) Hendidura

Esta modalidad de injerto puede ser radial (1 púa) o diametral (2 púas)

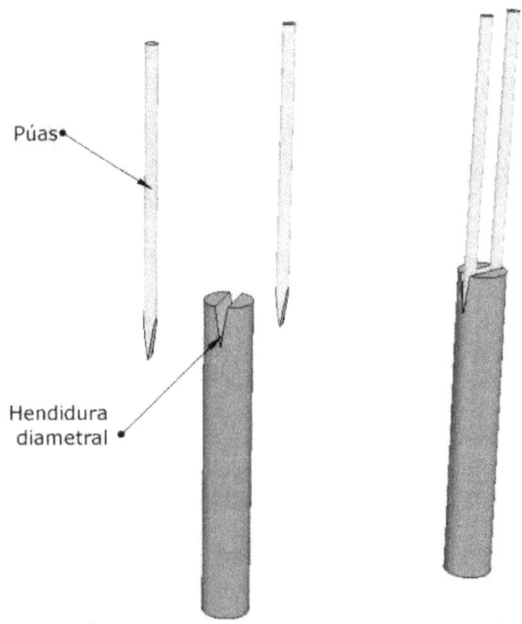

Esquema: Injerto hendidura

c) Corona

En esta modalidad, las púas se insertan bajo la corteza del patrón tras serrar el tronco horizontalmente. Es muy utilizado en frutales, ya que las púas insertadas (normalmente dos o tres) darán lugar a las futuras ramas del frutal.

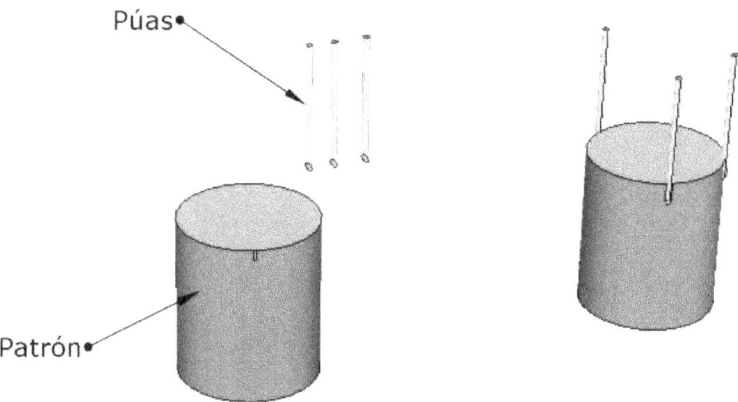

Esquema: Injerto corona

4.4.2 Injertos de yema.

En este tipo de injerto se busca una yema de la variedad con un poco de corteza y a continuación se injerta en el patrón. Dentro de este tipo tenemos las siguientes modalidades:

a) Escudo, escudete o T

Se denomina de esta forma porque el injerto está compuesto de una placa o escudete de corteza que lleva en su parte central una yema.

El patrón se prepara haciendo una incisión en T sobre la corteza, insertando en su interior el escudete. Es particularmente utilizado para ramas jóvenes, de uno a tres años de edad, de corteza delgada, lisa y tierna.

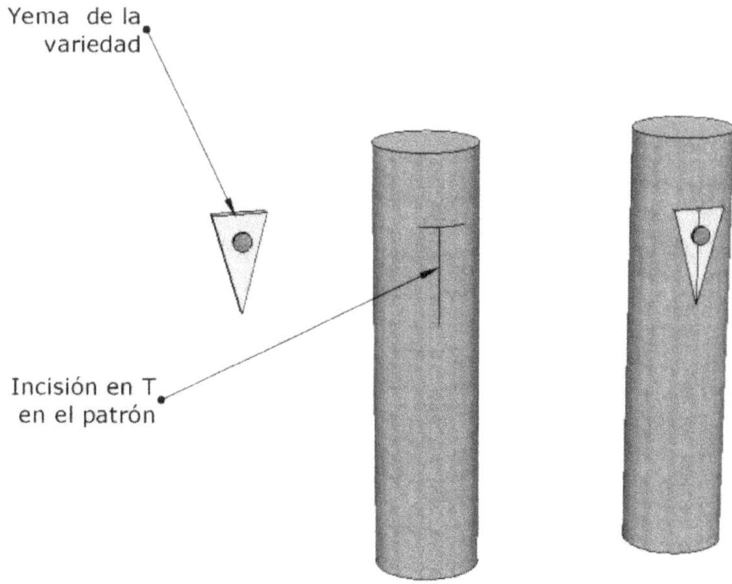

Esquema: Injerto en escudo, escudete o T

b) Plancha o parche

En esta modalidad se prepara el patrón realizando un corte en forma de plancha o parche y a continuación se extrae de la variedad que nos interesa una plancha de iguales dimensiones con una yema.

Finalmente se inserta la plancha de la variedad en el patrón, asegurando, una vez más, un buen contacto entre los "cambium".

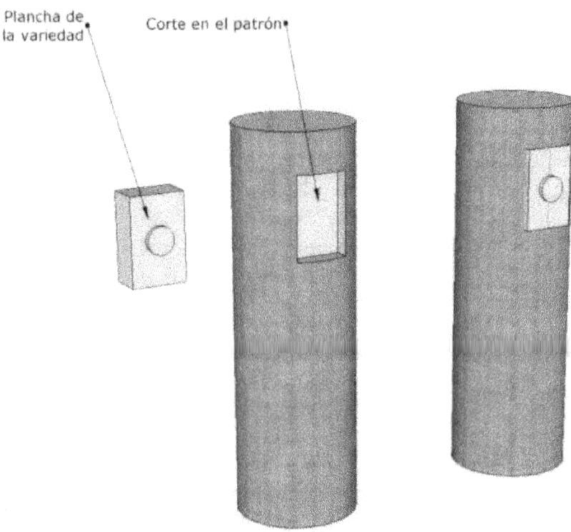

Esquema: Injerto de plancha o parche

c) Flauta, anillo o canutillo

Lo más importante de este injerto es que tanto el patrón como la variedad deben ser de diámetros parecidos.

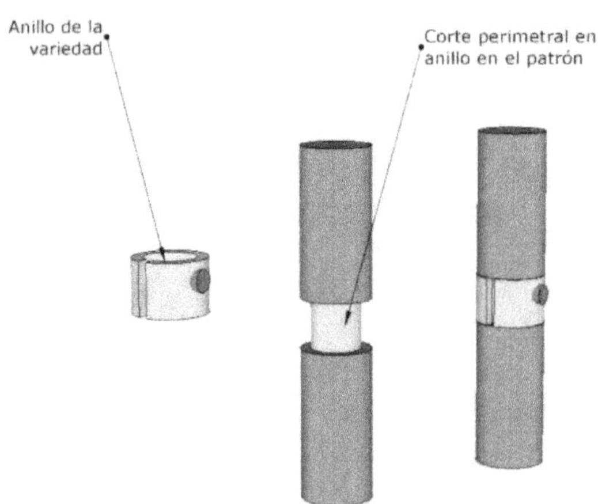

Esquema: Injerto de flauta, anillo o canutillo

4.4.3 Injerto de aproximación

Se unen patrón y variedad estando la variedad alimentada por sus raíces, una vez lograda la fusión se corta la variedad bajo el injerto y el patrón sobre el mismo.

Es un tipo de injerto muy utilizado en plantas hortícolas, por ejemplo para injertar variedades de melón sobre patrones de calabaza

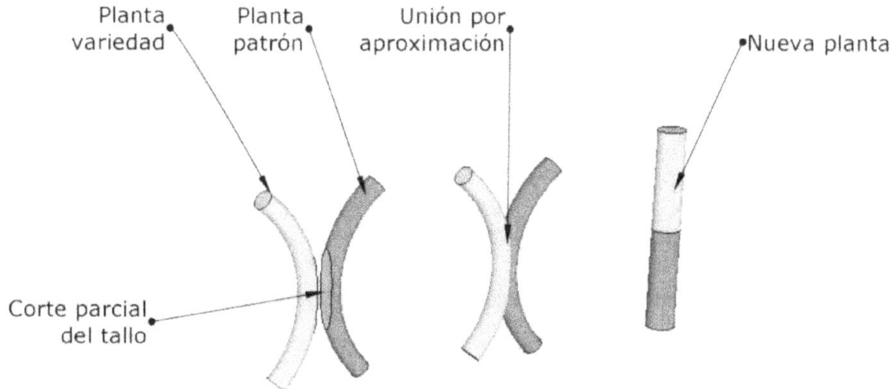

Esquema: Injerto por aproximación

5. EL CULTIVO "IN VITRO"

5.1 INTRODUCCIÓN

El **cultivo "in vitro"** es un método de propagación vegetativa donde a partir de fragmentos muy pequeños de tejidos vegetales, en muchos casos microscópicos, se pueden obtener nuevas plantas.

Requiere medios avanzados de laboratorio y unas instalaciones especiales donde se asegure la asepsia y se pueda controlar las condiciones ambientales (temperatura, humedad relativa y luz).

El nombre de cultivo "in vitro" proviene del hecho de que la primera fase del cultivo se realiza habitualmente en recipientes de vidrio aunque también se utilizan otros materiales como el polipropileno.

El término más ampliamente utilizado actualmente para designar este tipo de reproducción es la de "micropropagación".

5.2 FASES DE CULTIVO

5.2.1 Recolección e inspección de los tejidos vegetales

Las plantas madre constituyen el material vegetal de partida y es donde se recolectan los tejidos vegetales y, por tanto, deben ser seleccionadas cuidadosamente.

Las empresas dedicadas a la producción "in vitro" trabajan conjuntamente con los viveros que le suministran "planta madre" para asegurarse de que el material vegetal de partida cumple con las características adecuadas y para llevar un control riguroso del estado nutricional y fitosanitario de las plantas, evitando así riesgos de infección en las primeras fases de cultivo.

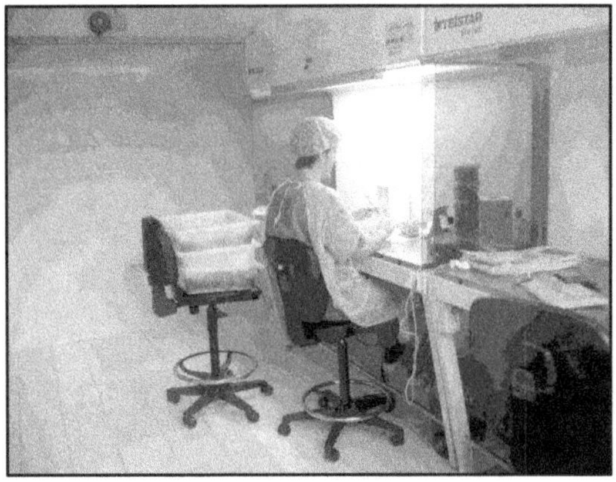

Foto: Inspección del material vegetal recolectado.

5.2.2 Fase de iniciación

En esta fase se colocan los tejidos seleccionados en un medio de cultivo adecuado para inducir la formación de nuevos brotes.

El medio de cultivo está constituido esencialmente por agua, elementos nutritivos y azúcares aunque también es habitual añadir otros compuestos como vitaminas o reguladores de crecimiento. Para darle consistencia a esta mezcla se suele añadir una sustancia gelificante llamada "agar" que solidifica el medio de cultivo.

5.2.3 Fase de multiplicación

Una vez se ha establecido el tejido vegetal, empieza a multiplicarse comenzando la aparición y alargamiento de los tallos y enraizado de los brotes.

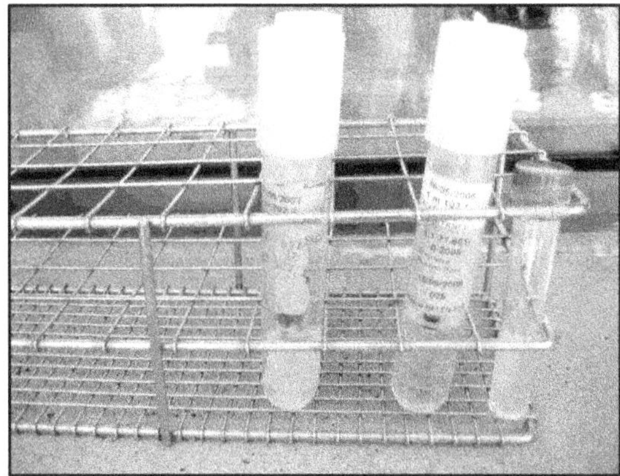 

Fotos: Cultivo en fase de iniciación (izquierda) y fase de multiplicación (derecha)

Estas fases son las más delicadas en cuanto a la contaminación del material vegetal, por ello se debe disponer de un "autoclave" que es como una olla a presión, pero de mayor tamaño, donde se controla la presión y la temperatura (hasta 120º) donde se esterilizan todos los materiales que se utilizan.

También se debe disponer de una "cámara de flujo laminar", que es un habitáculo preparado para que los operarios pueden trabajar en un ambiente estéril. Recibe el nombre de "cámara de flujo laminar" porque entre el operario y el material que maneja existe un flujo de aire vertical que ejerce de "pantalla" evitando la posible contaminación del material vegetal.

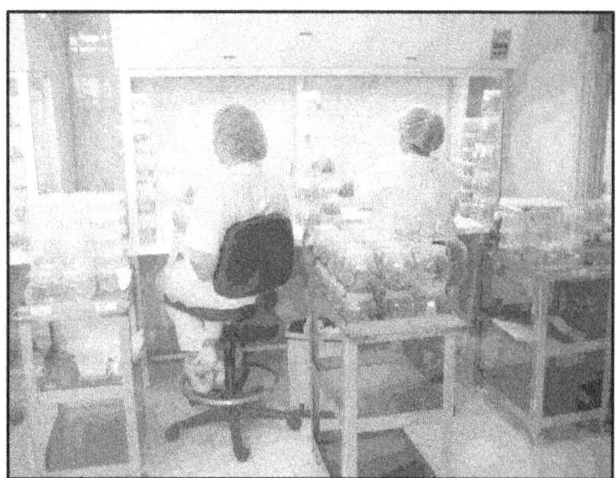

Foto: habitáculo de operarios con flujo laminar

5.2.4 Fase de trasplante y aclimatación

Las nuevas plantas obtenidas han estado en las primeras fases de cultivo en un ambiente totalmente esterilizado y por tanto deben pasar por una fase de aclimatación al ambiente exterior.

Las plantas son trasplantadas a un sustrato adecuado (normalmente una mezcla de turba y vermiculita) y se colocan en invernaderos donde continuarán su crecimiento.

Las condiciones ambientales (temperatura, humedad relativa, luz) y la dosis de riego y fertilización se controlan en todo momento, permitiendo así una adaptación gradual a las nuevas condiciones, aclimatando a la planta para su posterior comercialización.

Fotos: Las nuevas plantas son llevadas a invernadero y trasplantadas.

5.3 VENTAJAS E INCONVENIENTES DE LA REPRODUCCIÓN "IN VITRO"

VENTAJAS

- Se pueden obtener gran cantidad de plantas a partir de poco tejido vegetal.

- Debido a los requerimientos de asepsia, las plantas obtenidas por este método están en general en mejor estado fitosanitario que las obtenidas por otros métodos de reproducción.

- Se necesita poco espacio.

- Se puede obtener planta durante todo el año, independientemente de las condiciones climáticas.

INCONVENIENTES

- Se requiere una gran inversión en instalaciones

- Se necesita una mayor especialización del personal laboral

- Se pueden producir "mutaciones", es decir las plantas obtenidas no responden a las características genéticas buscadas.

El riesgo de mutaciones depende fundamentalmente de dos motivos:

✓ El medio de cultivo empleado. Un exceso en la dosis de productos hormonales aumenta el riesgo de mutaciones

✓ El número de plantas obtenidas a partir del tejido vegetal inicial. Cuanto mayor sea el número de plantas obtenidas a partir del mismo tejido, mayor es el riesgo de aparición de mutaciones.

TEMA 4. IMPLANTACIÓN DEL CULTIVO EN EL VIVERO

1. ESTUDIOS PRELIMINARES

Antes de implantar un cultivo se deben hacer unos estudios previos que nos den como resultado la viabilidad o no del negocio.

Los factores a tener en cuenta en estos estudios preliminares son:

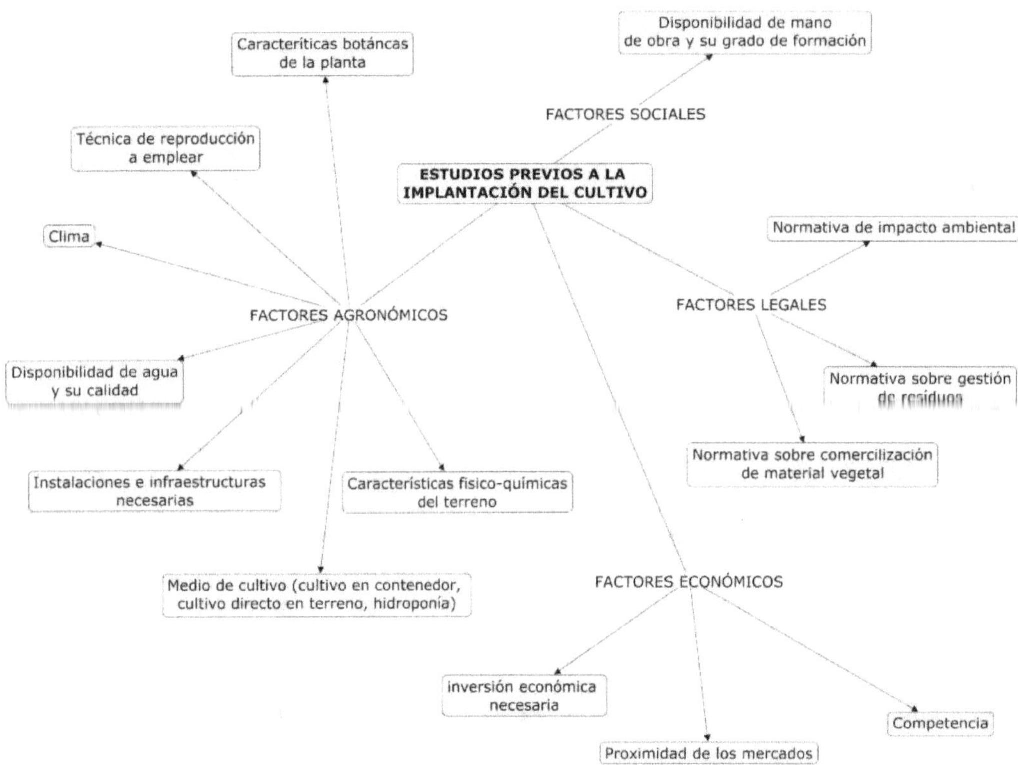

2. ORGANIZACIÓN DEL ESPACIO E INSTALACIONES NECESARIAS

Podemos definir el vivero como una superficie de terreno destinada a la producción de plantas.

Ahora bien, los espacios y las instalaciones necesarias pueden ser muy distintos según los factores agronómicos vistos en el apartado anterior (tipo de planta a reproducir, técnica de reproducción, medio de cultivo etc.).

A continuación citaremos los espacios e instalaciones que normalmente son necesarias para la implantación de un cultivo en un vivero.

2.1 ESPACIOS NECESARIOS

Espacio para planta madre

Ya vimos en temas anteriores que el material vegetal a partir del cual se comienza la producción puede ser muy diverso (semillas, esquejes, bulbos, rizomas, etc.) y que podemos obtenerlo en viveros especializados.

En muchas ocasiones resulta más rentable tener una zona dedicada a "planta madre", es decir, plantas a partir de las cuales obtenemos nuestro propio material vegetal.

Si el tipo de reproducción a emplear es vegetativo, es muy importante mantener esta zona libre de plagas y enfermedades, ya que estas patologías pueden transmitirse a lo largo del proceso de producción.

Foto: Zona dedicada a planta madre donde se obtienen esquejes de plantas aromáticas

Espacio para el cultivo

Son los espacios donde propiamente se cultiva la planta a comercializar. Si el clima es adecuado para la planta pueden tratarse de terrenos al aire libre, en caso contrario es necesario contar con instalaciones de protección como invernaderos o umbráculos.

Hay que tener en cuenta que el objetivo primordial es producir la mayor cantidad de planta posible, y, aunque todos los espacios son necesarios para el buen funcionamiento del vivero, la mayor parte debe estar destinada a la producción.

Se llama índice de ocupación a la relación entre la superficie ocupada por plantas y la superficie total del vivero. Éste índice de ocupación debe ser por lo menos de 0,6 para obtener una rentabilidad económica.

Foto: Zona dedicada a la producción de gerános

Espacio para el endurecimiento de las plantas

Las plantas cultivadas bajo protección están en condiciones óptimas de iluminación, temperatura y humedad. Si estas plantas se comercializan sin haber sido adaptadas a las condiciones ambientales exteriores puede que marchiten en poco tiempo.

Por esta razón es necesario contar con espacios exteriores donde va a sufrir una adaptación final a las condiciones ambientales. Además se suele someter a la planta a una reducción en las dosis de riego y nutrición. De esta forma se consigue un "endurecimiento" de la planta.

Foto: Zona de endurecimiento

Estos espacios dedicados al endurecimiento son de especial importancia en plantas destinadas a ajardinamientos exteriores y para plantas forestales que van a ser utilizadas en repoblaciones.

Espacio para la elaboración de sustratos

Se debe disponer de una zona exclusiva para elaborar el sustrato, ya sea de forma manual o mecanizada. En el caso de aprovechar los residuos generados en el vivero para la elaboración de compost se debe prever las zonas de almacenamiento de los restos vegetales, su triturado y amontonado.

Espacio para almacenes

Es importante disponer de una zona reservada para productos fitosanitarios y otra para otro tipo de productos como bandejas, sacos de turba, etc.

Espacio para la preparación y comercialización

Cada tipo de planta necesitará una preparación y almacenamiento específico para su correcta comercialización y conservación antes de ser transportadas a sus destinos de venta.

Foto: Zona de preparación de flores para su exportación

Espacio para la venta al público

También se debe disponer de una zona para la venta directa al público o de exposición si la venta es al por mayor.

Fotos: Zona de venta al público.

Espacio para la administración

Finalmente resultan imprescindibles unas oficinas para la gestión administrativa del vivero.

2.2 INSTALACIONES

Invernaderos

Los invernaderos se pueden definir como "construcciones agrícolas diseñadas para modificar y/o controlar artificialmente los factores ambientales (temperatura, humedad, radiación solar y ventilación) que influyen en el crecimiento y desarrollo de las plantas, con el objeto de poder producirlas, en las mejores condiciones posibles".

Umbráculos

Los umbráculos son unas construcciones mucho más sencillas que los invernaderos, donde no se pueden controlar los factores ambientales. Suelen constar de una estructura sencilla con una malla de sombreo y sirven fundamentalmente para una fase de adaptación gradual de la planta a las condiciones ambientales exteriores.

Foto: Invernadero con cubierta de PVC (izquierda) y Umbráculo con malla de sombreo (derecha)

Cabezal de riego

El cabezal de riego o centro de control es el lugar donde se instalan todos los dispositivos necesarios para el buen funcionamiento del sistema de riego.

Pueden ser más o menos sofisticados dependiendo de las dimensiones del vivero y tipo de planta a producir. En ellos se filtra el agua, se regula el caudal, la presión y se controla la incorporación de fertilizantes.

Fotos: Cabezal de riego con válvulas de compuerta, regulador de presión y filtros de malla (izquierda) y tanques de fertilización (derecha).

Estación metereológica

En muchas ocasiones es de gran utilidad disponer de una estación metereológica donde se podrán analizar los datos climáticos.

Los elementos que deben componer la estación son: termómetro de máximas y mínimas para medir temperatura, pluviómetro para medir la precipitación, psicrómetro para medir la humedad relativa, piranómetro (también llamado solarímetro) para medir la radiación solar, heliógrafo para medir las horas de luz solar, anemómetro para medir velocidad del viento, veleta para registrar su dirección y un tanque evaporimétrico donde se registra la evaporación efectiva que nos servirá para calcular la evapotranspiración de la planta que estemos produciendo y así calcular las dosis de riego necesarias.

Fotos: Anemómetro, veleta y pluviómetro (izquierda). heliógrafo, tanque evaporimétrico y caseta para termómetro y psicrómetro (derecha)

Laboratorio

Es conveniente disponer de un laboratorio donde se realicen algunas operaciones de carácter técnico o experimental como selección y tratamiento de semillas, ensayos de germinación, análisis fitosanitarios del material vegetal, mezclas de productos químicos, etc.

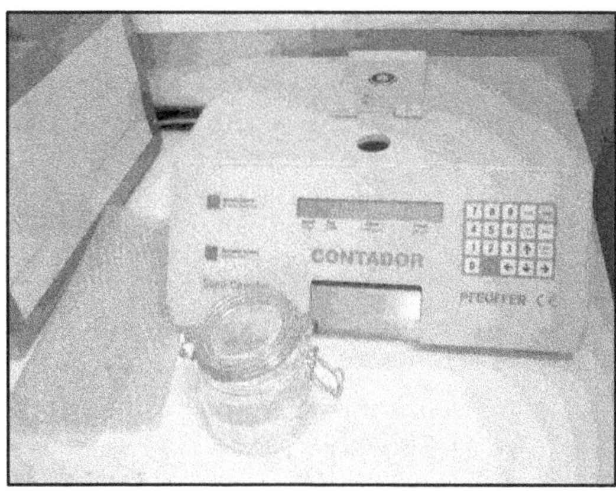

Fotos: Laboratorio con instrumentación.

2.3 DISEÑO DEL VIVERO

Conocidos los espacios e instalaciones necesarios para nuestro vivero es momento de pensar en su distribución. Esto es de vital importancia, puesto que va a determinar el movimiento de la planta por el vivero según fases de crecimiento, movimiento de mercancías, operarios, clientes, etc.

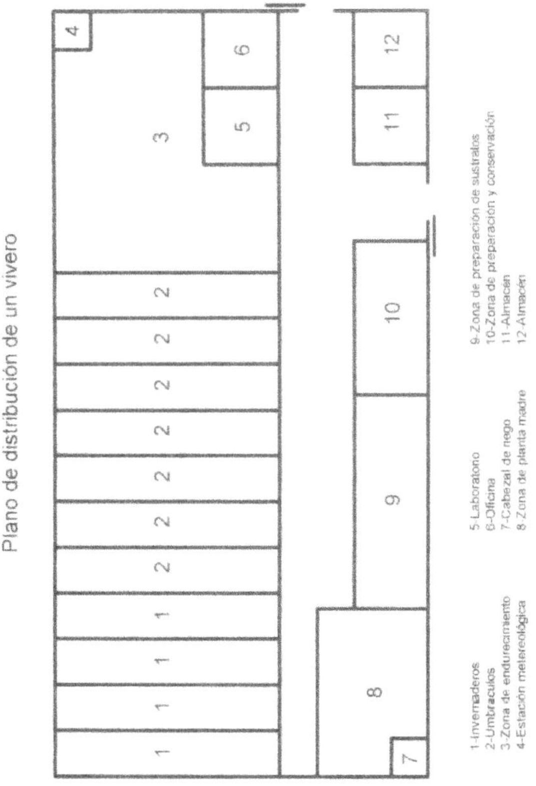

Esquema: Posible plano de distribución de un vivero

3. PREPARACIÓN DEL MEDIO DE CULTIVO

El medio de cultivo es el espacio vital donde se van a desarrollar las raíces de la plantas. La elección de un medio u otro va a condicionar en gran medida las características de nuestro vivero.

Básicamente tenemos tres opciones: cultivar en contenedores con sustratos estériles, cultivar directamente en el terreno o utilizar el cultivo hidropónico.

Como ejemplos podemos citar que las plantas anuales se suelen cultivar en contendor, puesto que su comercialización final suele ser en macetas de pequeño diámetro, cultivos de gran porte o destinados para obtención de flor cortada para floristerías se suelen emplear el propio terreno como medio de cultivo, por otra parte si se dispone de instalaciones adecuadas y personal cualificado se puede recurrir al cultivo hidropónico.

Estos ejemplos son de carácter general y la decisión de utilizar un medio de cultivo u otro dependerá siempre de un estudio detallado de los factores agronómicos y económicos que vimos en el primer apartado de este tema.

3.1 CULTIVO EN CONTENEDOR

3.1.1 Elección del contenedor

En el cultivo en contendor la planta desde su inicio (semillero o esqueje) hasta su comercialización es cultivada en contenedor y va siendo trasplantada de un tipo de envase a otro según vaya aumentando de tamaño.

Ya vimos en el Tema 2 los tipos de contenedores que se pueden utilizar: bandejas plásticas (con o sin alveolos), macetas, bolsas plásticas, envases biodegradables, bandejas forestales etc. por lo que no desarrollaremos más este punto.

3.1.2 Elaboración del medio de cultivo

En el cultivo en contenedor el medio de cultivo estará compuesto por el sustrato que hayamos decidido emplear para rellenar los contenedores.

Este sustrato ya vimos en temas anteriores que tiene que estar compuesto por componentes orgánicos (turba, fibra de coco, compost…), inorgánicos (perlita, vermiculita…) y otros compuestos (hidrogeles, abonos…)

El tipo de material a utilizar y los porcentajes de los distintos componentes en la elaboración de los sustratos suele ser muy variable según la especie a reproducir, la fase de cultivo en que se encuentre la planta y la experiencia del propio viverista.

No obstante podemos dar como orientación los siguientes sustratos:

a) Semilleros o esquejes

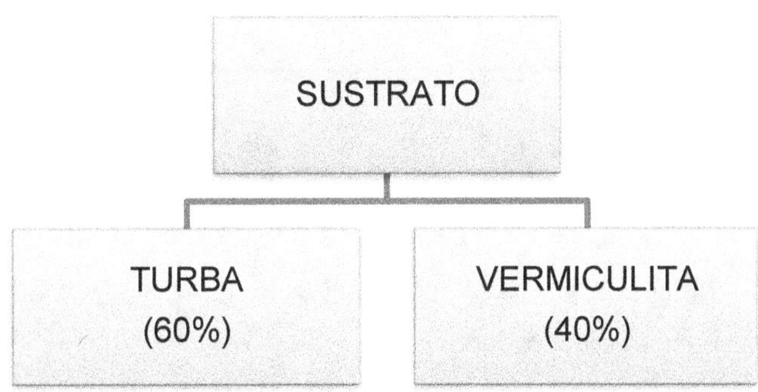

La turba empleada debe de ser de calidad, ya que esta fase de germinación y desarrollo inicial es la más delicada.

b) Primer trasplante

Para abaratar costes se suele emplear una turba más económica mezclada con perlita.

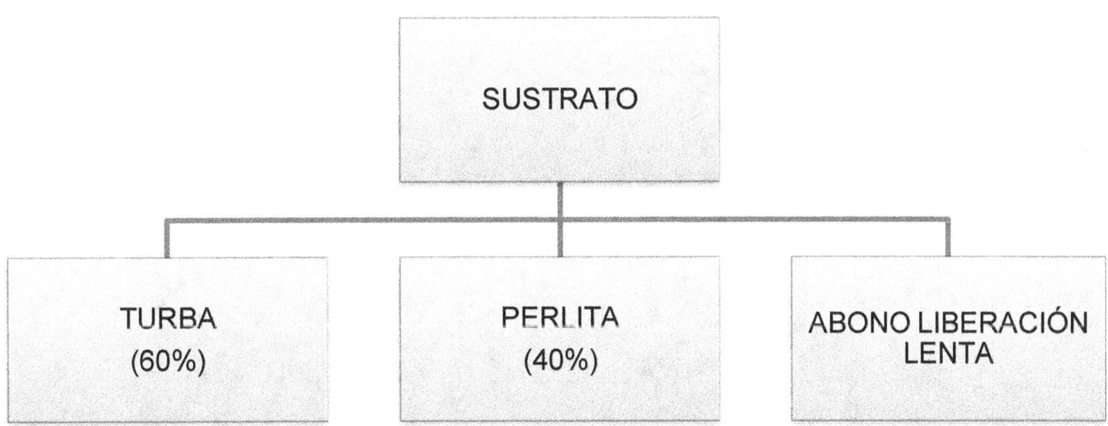

c) Segundo trasplante y sucesivos

Aquí la elección de la mezcla puede variar mucho. En especies de poco tamaño y exigentes en nutrientes la mezcla puede ser idéntica al primer trasplante, pero si la especie a comercializar es de un tamaño considerable (arbusto, árbol o palmera) y menos exigentes que en sus primeras fases de cultivo, es posible reducir costes utilizando la siguiente mezcla:

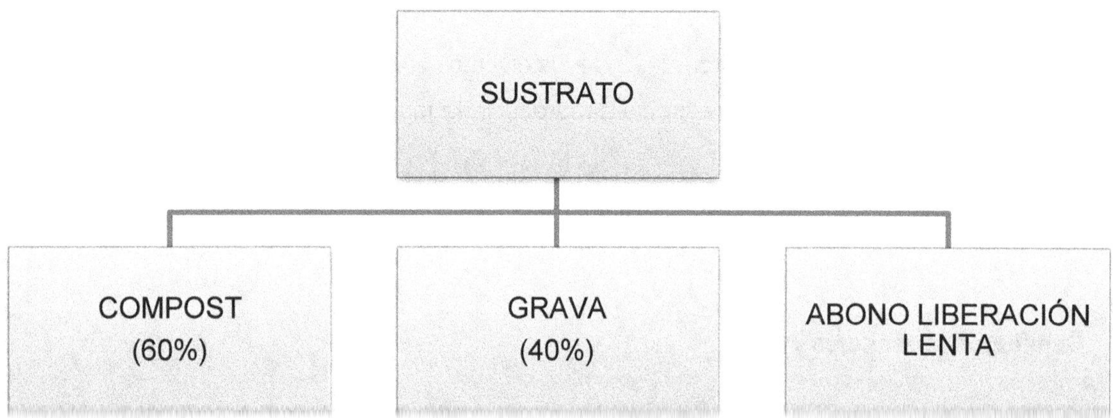

El proceso de mezclado es uno de los pasos más importantes en la elaboración del sustrato, ya que una mala proporción de los distintos componentes o un mal mezclado puede causar graves problemas en las siguientes fases de la producción

Los pequeños viveristas prefieren no invertir en la adquisición de un equipo de mezclado, que difícilmente van a amortizar y, por tanto, lo mezclan a mano. Se deben colocar los distintos componentes del sustrato, alrededor de la superficie de mezclado y con las palas ir echando con las proporciones formuladas y removiendo continuamente hasta obtener la mezcla deseada.

Sin embargo, en los grandes viveros donde los volúmenes de sustrato son elevados, es necesario e imprescindible adquirir un equipo de mezclado. Se encuentran suficientes modelos en el mercado, desde las simples mezcladoras, hasta máquinas combinadas con el llenado de envases, sembrado y humedecido.

Fotos: Máquina mezcladora y enmacetadora

3.2 CULTIVO DIRECTO EN EL TERRENO

Si el medio de cultivo a utilizar va a ser el propio terreno, es imprescindible conocer los fundamentos básicos de un suelo, como muestrearlo para solicitar un análisis, interpretar los parámetros físico-químicos del mismo y decidir qué tipo de preparación necesita.

3.2.1 Aspectos generales del suelo

Podemos considerar al suelo como un sistema formado por los siguientes componentes:

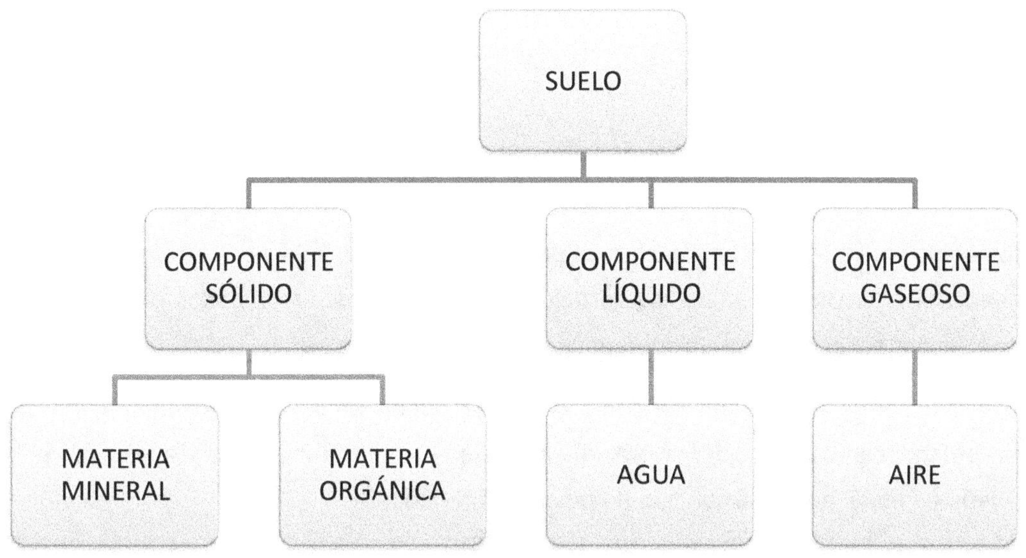

El componente sólido está compuesto por una mezcla de materia mineral y orgánica que contienen los nutrientes necesarios para la planta.

El agua y el aire ocupan los poros del suelo. El agua es elemento fundamental que permite la disolución de los elementos minerales, transporta nutrientes, permite la transpiración de la planta, participa en la fotosíntesis, etc. y el aire es indispensable para la respiración de las raíces de las plantas y los microorganismos del suelo.

Para que exista un buen equilibrio en el suelo la proporción en volumen de estos componentes deben ser del orden de los siguientes valores:

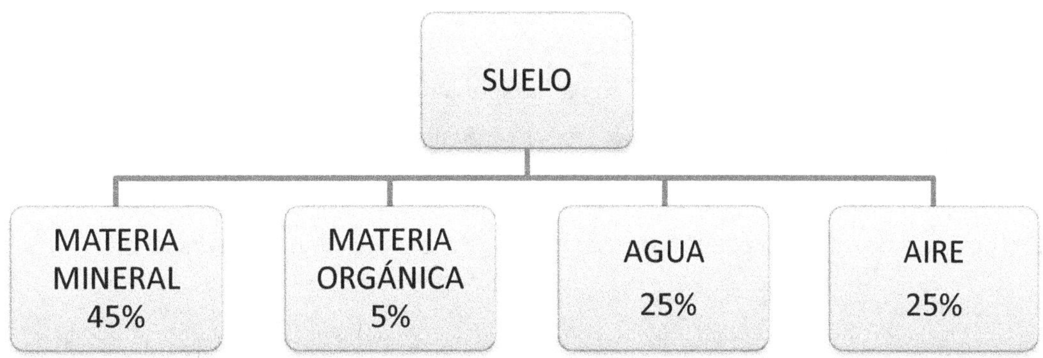

El suelo se comporta como un organismo vivo por lo que el volumen y composición de estos elementos puede ir variando a lo largo del tiempo. Este es el motivo por lo que debemos analizar nuestro cada cierto tiempo para detectar posibles carencias o deficiencias.

Materia mineral

Parte de la materia mineral constituye los elementos nutritivos esenciales para el desarrollo de las plantas.

Atendiendo a la cantidad utilizada por la planta y la frecuencia con que en la práctica es necesaria su aportación, podemos clasificar a los elementos nutritivos de la siguiente manera:

a) Macroelementos. Son los absorbidos por la planta en mayores cantidades.

- Macroelementos principales: Nitrógeno (N), Fósforo (P) y Potasio (K)

- Macroelementos secundarios: Azufre (S), Calcio (Ca), y Magnesio (Mg)

b) Microelementos u oligoelementos: Hierro (Fe), Cobre (Cu), Zinc (Zn), Manganeso (Mn), Molibdeno (Mo), Boro (B), y Cloro (Cl).

Son elementos que se absorben por la planta en cantidades mínimas, con las que quedan cubiertas sus necesidades. Una característica de estos elementos es que todos ellos excepto el Fe son fitotóxicos si su concentración en la planta sobrepasa determinados niveles.

Cuando existe carencia en algún elemento la planta puede empezar presentar algún tipo de anomalía como deformaciones en hojas, coloraciones diversas, insuficiencia de masa vegetal, etc. que normalmente viene acompañada de algún tipo de plaga o enfermedad.

Hay que distinguir dos tipos de carencia:

- Carencias absolutas o primarias

Causadas por la extremada pobreza del medio de un elemento, de forma que la planta no puede absorberlo en cantidad suficiente. Bastará añadir al suelo el elemento que falta para que la carencia desaparezca.

- Carencias condicionadas o indirectas

El suelo no carece del elemento considerado, pero la planta no puede absorberlo porque este elemento se encuentra en condición no asimilable, por bloqueo, debido generalmente a un pH demasiado elevado o por un antagonismo de iones.

Materia orgánica

La materia orgánica sirve entre otras cosas como "despensa" del suelo, ya que cuando sufre en el suelo un proceso que se denomina "mineralización" se va transformando en los elementos minerales antes descritos.

La materia orgánica de un suelo puede estar compuesta por elementos muy diversos

a) Organismos vivos

-Raíces. Abren canales de aireación y cuando mueren enriquecen el suelo. En la zona radicular es donde se acumulan las mayores cantidades de microorganismos del suelo. Muchos de ellos tienen un efecto positivo sobre las plantas (bacterias del género Rhizobium sobre raíces de leguminosas, micorrizas, productores de giberelinas, sustancias protectoras, etc.)

-Mesofauna. Llamamos mesofauna a organismos como Artrópodos (insectos y ácaros), Anélidos (lombrices) que ejercen una labor de desmenuzamiento de la materia orgánica grosera, antes de que se inicie la descomposición, Nemátodos que aunque también los hay perjudiciales, se alimentan generalmente de materia orgánica en descomposición y Moluscos (aracoles y babosas) cuyo jugo digestivo permite descomponer la celulosa.

-Microorganismos. Son los encargados de completar el ciclo de degradación de la materia orgánica como las "Bacterias" que presentan múltiples funciones (mineralización de la materia orgánica, captación del nitrógeno atmosférico, etc, "Actinomicetos" soportan altas temperaturas, por lo que son los únicos microorganismos que no mueren cuando el compost alcanza su máxima temperatura y algunos producen antibióticos, "Hongos" que aunque muchos son perjudiciales, algunos producen antibióticos (Penicillium) y otros son predadores de nematodos, "Algas" de tamaño microscópico capaces de fijar nitrógeno atmosférico y muchas que se asocian con hongos formando líquenes, "Protozoos" que se alimentan de hongos, bacterias o materia orgánica muerta.

b) Restos orgánicos identificables.

Pueden ser de procedencia animal o vegetal

c) Restos orgánicos no identificables.

Son restos y exudaciones microbianas, de raíces, lombrices, etc.

Humus

Toda la materia orgánica descrita está sometida a procesos de degradación por fenómenos de descomposición, transformación y síntesis que dan como resultado último al "humus".

El humus presenta un color negruzco y un olor agradable. Está formado por un conjunto de sustancias orgánicas complejas (ácidos húmicos, fúlvicos,...). Sirve de "despensa" para las plantas debido a su gran estabilidad, almacenando los elementos nutritivos que éstas necesitan para su desarrollo. Su capacidad para permitir la libre circulación de agua y aire y para almacenar aquella, lo hacen indispensable para un buen suelo.

3.2.2 Muestreo del suelo

Se suele realizar un muestreo simple al azar de la parcela a preparar. Los puntos de muestreo se escogen aleatoriamente moviéndose en zig-zag por la zona objeto de estudio.

Herramientas

Algunas herramientas agrícolas como la pala o la azada se suelen utilizar con frecuencia, pero no es recomendable por no permitir un control esmerado de la profundidad de muestreo. Es más recomendable utilizar algún tipo de sonda. Las hay cortas para coger muestras superficiales y helicoidales para muestreos profundos.

Profundidad

Se suelen distinguir dos zonas para la recogida de muestras:

a) El suelo, también denominada "capa arable". Es la parte más superficial y corresponde a la zona afectada normalmente por los trabajos de preparación. Suele tener un espesor de 15 a 40 cm.

b) El subsuelo. De manera simple podemos definirlo como la capa inmediatamente inferior al suelo y explorada por las raíces. Abarca desde el fin de la capa arable hasta los 50-80 cm. Aunque el subsuelo es ignorado a menudo es muy importante remarcar que puede condicionar en ocasiones la fertilidad del suelo.

Reducción de la cantidad de muestra

Un análisis usual de fertilidad requiere entre 0,5 y 1,5 kg de suelo. Por tanto si la cantidad de muestra supera estos valores, hemos de reducirla por cuarteo: la tierra una vez mezclada, se apila, se divide el montón en cuatro partes aproximadamente iguales, se elige una de ellas y se rehúsan las otras tres. La maniobra se repite las veces necesarias hasta conseguir la cantidad deseada.

Envasado y etiquetado.

La muestra se enviará al laboratorio analítico dentro de un envase limpio de impurezas que puedan contaminar la muestra. Los más adecuados son las bolsas de plástico. Los recipientes deben de ir convenientemente identificados, indicando fecha de muestreo y referencia de las parcelas muestreadas.

3.2.3 Evaluación de los parámetros físicos

3.2.3.1 Porosidad

Es la cantidad de poros (fracción gaseosa) que posee un suelo.

Un suelo con gran porosidad permitirá el intercambio gaseoso y drenará el agua con gran facilidad, mientras que un suelo con poca porosidad ocurrirá lo contrario. Cuando existe poca porosidad, la capacidad de retención de agua será elevada.

Los poros son muy irregulares en cuanto a tamaño, forma y dirección. Los suelos arcillosos tienen un gran número de poros, que son pequeños y con muchos estrechamientos, mientras que los suelos arenosos tienen un número relativamente pequeño de poros, que son grandes y forman canales continuos. En un suelo equilibrado la porosidad varía entre el 40 y el 50%.

Los análisis nos dan la densidad aparente de un suelo que está relacionado con la cantidad de poros de la siguiente manera:

$$P = \left(1 - \frac{Da}{Dr}\right)x100 \qquad \text{Siendo:}$$

P = Porcentaje de porosidad del suelo.

Da = Densidad aparente del suelo (g/cm^3) o (Tm/m^3)

Los valores de densidad aparente de un suelo deben de estar dentro de los límites siguientes:

Arcilloso: 1.2-1.3 (g/cm^3), Franco: 1.3-1.5 (g/cm^3), Arenoso: 1.5-1.8 (g/cm^3)

3.2.3.2 Textura

Es la proporción que existe en un suelo entre arena, limo y arcilla. También se le conoce como "composición granulométrica". Según la textura, los suelos se clasifican de la siguiente forma:

a) Textura fina o arcillosa. En estos suelos predomina la arcilla (partículas con un diámetro inferior a 0.002 mm). Estos suelos son adherentes, poco aireados, muy difíciles de labrar y retienen gran cantidad de agua.

b) Textura limosa. Tienen un contenido alto en limo (partículas cuyo tamaño está comprendido entre 0.05-0.002 mm). Son suelos poco estables y, por tanto, sensibles a los agentes de degradación.

c) Textura arenosa. Predomina la arena (partículas entre 2-0.5 mm). Son suelos poco cohesivos, de fácil labranza, con buena aireación para el desarrollo de las raíces y poco poder de retención de agua.

d) Textura franca. Contienen una proporción equilibrada de arena, limo y arcilla.

La textura se determina en laboratorio mediante análisis granulométrico, aunque también se pueden hacer pruebas manuales, mojando bien la tierra, amasándola hasta formar un cordón más o menos delgado. Cuanto más fino pueda construirse este cordón, sin llegar a partirse, más arcilla poseerá la tierra.

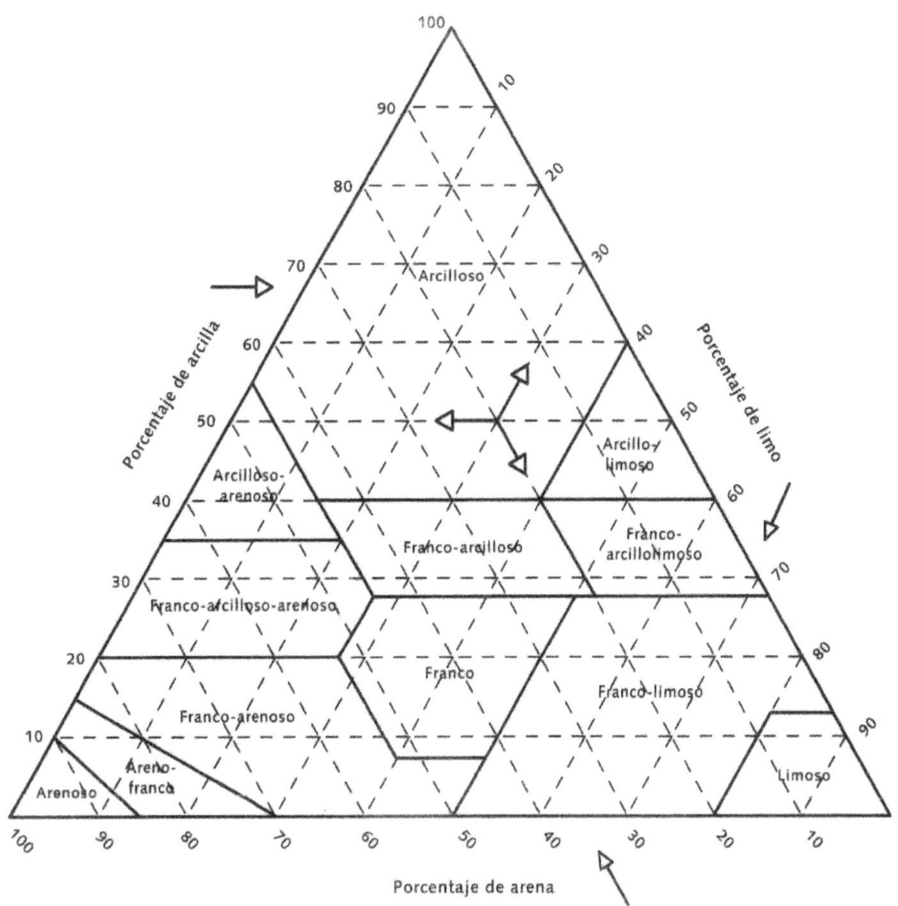

Gráfico: Triángulo de texturas para determinar el tipo de suelo en función de la granulometría

En la mayoría de los casos nos interesa tener un terreno equilibrado, es decir un terreno "franco", por lo que en suelos arcillosos deberemos aportar arena para "soltar" el terreno y en suelos arenosos lo ideal es aportar una mezcla de materia orgánica y arcilla para mejorar sus características.

3.2.4 Evaluación de los parámetros químicos

3.2.4.1 Materia orgánica (MO)

La materia orgánica es un elemento esencial por los siguientes motivos:

✓ Aumenta la cantidad de agua disponible en los suelos.

✓ Favorece la asimilabilidad de los elementos nutritivos, en especial de los oligoelementos, ya que establece con ellos complejos solubles.

✓ La mineralización de la materia orgánica libera nutrientes para la planta.

En el análisis aparece siempre su contenido en peso expresado en porcentaje y se evalúa:

Riqueza en materia orgánica	Calificación del suelo
<1 %	Muy pobre
1-2 %	Pobre
2-3 %	Normal
3-5 %	Rico
> 5 %	Muy rico

3.2.4.2 Relacion C/N

Ya vimos que la materia orgánica puede estar compuesta por material muy diverso y que realmente lo que más nos interesa es tener "humus".

La relación entre los contenidos medios de C y de N del humus es ligeramente inferior a 10, mientras que de la materia orgánica fresca es muy superior, pudiendo alcanzar valores de 50 o más. Por tanto, en las condiciones normales del predominio del humus, la relación C/N de la materia orgánica total del suelo, que es lo que se determina analíticamente en los estudios de fertilidad es aproximadamente de 10. La relación C/N nos señala pues si las sustancias húmicas son el material claramente hegemónico o no dentro de la materia orgánica del suelo, y por tanto puede considerarse un índice de calidad de ésta.

Relación C/N	Calificativo
<10	Correcta
10-12	Ligeramente alta
12-15	Alta
>15	Muy alta

Un diagnóstico de mal funcionamiento de la biomasa y de inadecuada calidad de la materia orgánica, sugerido por una elevada relación C/N, suele quedar confirmado con otros índices del análisis:

- Un pH excesivamente alto o bajo.

- Fenómenos de asfixia causados por una deficiente estructura (falta de Ca++, exceso Na+, texturas con exceso de limos)

3.2.4.3 Capacidad de Intercambio Catiónico (CIC)

Ya hemos visto los elementos nutritivos necesarios para las plantas, pero cabe preguntarse cuáles son los mecanismos por los cuales estos elementos pueden entrar en la planta.

Gracias al humus (materia orgánica) y a la arcilla (materia mineral) se forma lo que llamamos el "complejo arcillo-húmico".

Este complejo consta de unos agregados formados de arcilla y humus que tienen la propiedad de intercambiar con la solución acuosa del suelo los elementos minerales que se encuentran disueltos en forma iónica. Esta propiedad de es conocida como "Capacidad de intercambio catiónico" y mide la cantidad máxima de cationes de todo tipo que es capaz de retener un determinado suelo.

Hay que destacar que este complejo tiene carga negativa y puede atraer a elementos minerales de carga positiva pero también a elementos de carga negativa ya que pueden formar puentes con iones positivos o asociarse con alguna enzima.

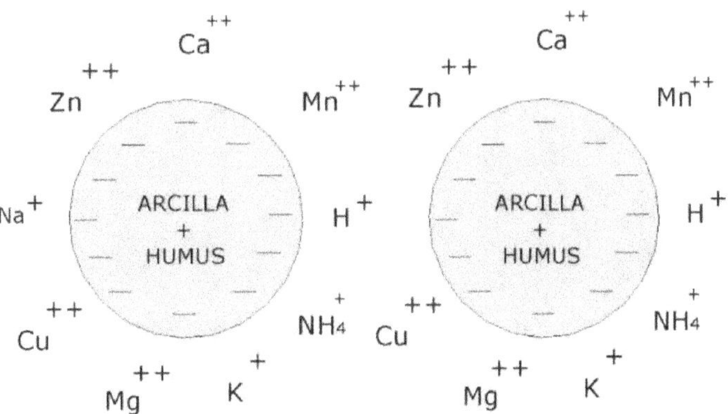

Los cationes no se fijan con la misma energía al complejo. Podemos establecer un orden de energía de retención de más a menos:

- Hidrógeno. (H+)

- Micro u oligoelementos

- Calcio (Ca++)

- Magnesio (Mg++)

- Amonio (NH4+)

- Potasio (K+)

- Sodio (Na+)

En la mayoría de los suelos, el mayor número de cationes fijados al complejo arcillo-húmico corresponde al calcio y luego al magnesio.

En el análisis el valor de CIC vendrá dado en miliequivalentes por cada 100 gramos de suelo y los valores deben situarse entre los siguientes rangos:

CIC (meq/100g)	Calificativo
<6	Muy débil
6-10	Débil
10-20	Media o Normal
20-30	Elevada
>30	Muy elevada

3.2.4.4 pH

Definición

Se define como el logaritmo de la inversa de la concentración de H+

$$pH = \log \frac{1}{\left[H^+\right]}$$

Escala de pH

El pH de un suelo oscila entre los valores 1 y 14, considerándose:

- Suelos ácidos: pH <7

- Suelo neutro: pH 7

- Suelo alcalino o básico: pH >7

pH óptimo para el cultivo

El pH ejerce una influencia muy importante sobre la asimilabilidad de los elementos del suelo por la planta. Los valores medios, generalmente admitidos, para la asimilación de los diversos nutrientes son:

Elemento	pH óptimo para su asimilabilidad
Nitrógeno	6-8
Ácido fosfórico	6.25-7
Potasio, Azufre	6-8.5
Calcio, Magnesio	7-8.5
Hierro, Manganeso	4.5-6
Boro, Cobre, Zinc	5-7
Molibdeno	7-8.5

El pH También tiene influencia en la vida de los microorganismos. Las bacterias nitrificantes y los azotobacter sólo son activos con un pH por encima de 6.

Vemos por tanto que teniendo en cuenta la asimilabilidad de los nutrientes y la actividad de los microorganismos los pH óptimos se encuentran entre 6 y 7.5

3.2.4.5 Salinidad y sodicidad.

Los criterios de clasificación de los suelos respecto a la salinidad y sodicidad de los suelos se basan en dos parámetros:

a) El porcentaje de sodio intercambiable definido por la expresión:

$$PSI = \frac{[Na^+]}{CIC} \times 100$$

b) La conductividad eléctrica del extracto de pasta saturada (CEps).

Consiste en humedecer la muestra de suelo hasta convertirlo en una pasta semifluida, midiendo entonces la conductividad eléctrica. A mayor concentración de sales mayor es la conductividad.

Las unidades más usadas para expresar la conductividad son el dS/m y el mmho/cm. Siendo: deciSiemens/m (dS/m) = milimhos/cm (moho/cm)

Los suelos quedan clasificados de la siguiente manera:

- Suelos normales: PSI<15 y CEps<4

- Suelos salinos: PSI<15 y CEps>4

- Suelos sódicos: PSI>15 , CEps<4 y pH<8.5

- Suelos alcalinos: PSI>15 , CEps<4 y pH>8.5

- Suelos salino-sódicos: PSI>15, CEps>4 y pH<8.5

- Suelos salino-alcalinos: PSI>15, CEps>4 y pH>8.5

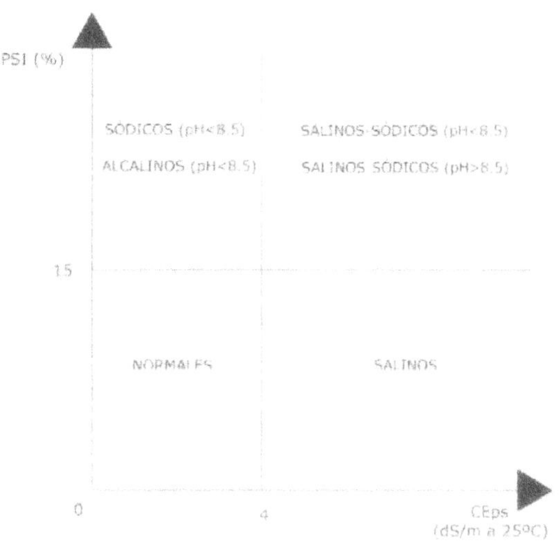

El conocimientos de estos parámetros son de vital importancia para el cultivo. Un suelo que tenga exceso de sales disueltas (fundamentalmente cloruros, sufatos, carbonatos y bicarbonatos) tiene como consecuncia una menor disponibilidad de agua para las raíces de las plantas. En este aspecto hay que tener en cuenta que no todos los cultivo tienen la misma sensibilidad a la salinidad, por ejemplo la trepadora "Passiflora caerulea" (flor de la pasión) tolera muy poco la salinidad (<2 dS/m), mientras que el "Thymus vulgaris" (tomillo) puede tolerar una salinidad cercana a 8 dS/m.

3.2.4.6 Carbonatos totales y caliza activa

Los análisis expresan el contenido en carbonatos de un suelo como si éstos fueran exclusivamente CaCO3, y por ello se habla de carbonato cálcico equivalente (CCE). En el siguiente cuadro vemos la calificación según los resultados del laboratorio:

Caliza activa (% CCE)	Calificativo
<6	Bajo: no deben esperarse problemas
6-9	Medio: puede surgir algún problema nutritivo en plantas muy sensibles.
>9	Alto: problemas nutritivos graves, en particular en especies arbóreas.

La mayoría de suelos de pH neutro o básico contienen proporciones más o menos notables de carbonatos, los cuales en cambio están siempre ausentes de los suelos ácidos. Estos carbonatos pueden estar constituidos por Calcita ($CaCO_3$), que suele ser el componente más típico, Magnesita ($MgCO_3$) o Dolomita ($MgCO_3$. CaCO3), en suelos salinos y extremadamente básicos también puede existir el carbonato sódico ($NaCO_3$).

Es interesante conocer el contenido de carbonatos de un suelo por los siguientes motivos:

- La presencia de carbonatos aseguran una buena estructura (excepto en el caso de suelos salinos que contienen carbonato sódico), ya que su descomposición suministra multitud de iones Ca^{++} y Mg^{++} que mantienen floculadas las arcillas. Sin embargo un exceso de Ca^{++} o Mg^{++} puede satura el complejo de cambio, provocando el desplazamiento de otros cationes esenciales fuera del complejo de cambio, con el consiguiente riesgo de pérdida y empobrecimiento.

- El carácter básico del ion CO_3^{--} actúa como un freno a la acidificación delos suelos.

-Los pH excesivamente elevados que muestran casi siempre los suelos carbonatados dificulta la asimilabilidad de microelementos como el FE, Zn, Mn, Cu, etc.

-Un pH elevado y el contenido notable de Ca^{++} que va parejo a la presencia de carbonatos, facilitan la formación de fosfatos cálcicos insolubles lo cual dificulta la nutrición fosfatada del cultivo

Caliza activa

La caliza activa coincide aproximadamente con los carbonatos de granulometría inferior a 50 µm, es decir los de magnitud limo y arcilla.

Un nivel demasiado alto de caliza activa será contraproducente para la fertilidad ya que entonces en la solución del suelo abundarán los iones Ca^{++} o Mg^{++} y $HCO3^-$, los cuales condicionarán la asimilabilidad de otros elementos nutritivos.

Caliza activa (% CCE)	Calificativo
<6	Bajo: no deben esperarse problemas
6-9	Medio: puede surgir algún problema nutritivo en plantas muy sensibles.
>9	Alto: problemas nutritivos graves, en particular en especies arbóreas.

3.2.4.7 Elementos nutritivos

La mayoría de los análisis reflejan datos del fósforo, potasio, magnesio y Calcio. Si se quieren datos de otros macroelementos o microelementos por alguna razón específica hay que indicarlo al laboratorio.

Fosforo (P)

Existen varios métodos para analizar el fósforo asimilable de un suelo. Los más conocidos y empleados son el método Bray II, el método Olsen y el método EDTA-Ac (amónico para frutales).

Los valores óptimos cambian según el método utilizado, a continuación los exponemos en forma de cuadro:

Calificativo	Método Bray II	Método Olsen	Método EDTA-Ac
Muy bajo	<3	<5	<20
Bajo	3-7	10-18	20-40
Correcto	7-20	10-18	40-80
Alto	20-30	18-25	80-120
Excesivo	>30	>25	>120

Los datos vienen expresados normalmente en partes por millón (ppm) o lo que es lo mismo en mgP/Kg suelo.

Potasio (K), Calcio (Ca) y Magnesio (Mg)

Los análisis dan el contenido de estos elementos expresados en miliequivalentes por cada 100 g de suelo, al igual que ocurre con la Capacidad de Intercambio Catiónico (CIC).

Para que el suelo tenga un contenido adecuado de estos elementos la proporción respecto del CIC debe ser la siguiente:

Fertilidad	% K^+/CIC	% Mg^{2+}/CIC	%Ca^{2+}/CIC
Correcta	2-6	10-20	60-80

Nitrógeno

El contenido en Nitrógeno de un suelo se determina en laboratorio mediante el llamado método Kjeldahl que refleja el contenido en nitrógeno orgánico y amoniacal y se evalúa de la siguiente manera:

Contenido en N orgánico y amoniacal (en %)	Calificativo
<0,05	Muy bajo
0,05-0,1	Bajo
0,1-0,15	Medio
0,15-0,2	Alto
>0,2	Muy alto

Microelementos

Los valores normales que debe reflejar el análisis deben ser los siguientes:

Oligoelemento	Contenidos usuales (mg/Kg de suelo)
Hierro (Fe)	10000-100000
Manganeso (Mn)	20-30000
Zinc (Zn)	10-300
Cobre (Cu)	3-100
Boro (B)	1-150
Molibdeno (Mo)	0,2-50

3.2.5 Preparación del terreno

3.2.5.1 Laboreo

Por laboreo del terreno se entiende el conjunto de operaciones encaminadas a conseguir un mejor desarrollo de las semillas y de las plantas cultivadas.

Podemos dividir estas labores en dos grandes grupos labores profundas o primarias y labores superficiales o secundarias.

Labores profundas o primarias

- **Subsolado.**

Esta labor tiene como misión principal remover las capas profundas del terreno, sin voltearlas ni mezclarlas. También tiene como misión romper lo que se denomina "suela de labor" o "pie de arado» que es una capa de tierra muy compacta situada debajo de la capa arable y que impide que determinados cultivos de raíces profundas puedan penetrar en el terreno con facilidad, dificultando así su desarrollo. Esta "suela de labor" suele aparecer debido a la compactación del terreno por la utilización de máquinas de laboreo que trabajan siempre a la misma profundidad o por la presión de las ruedas del tractor.

Esta labor se realiza con un apero llamado "subsolador" que debe ir por debajo del pie de arado si se quiere conseguir el objetivo perseguido, pues de lo contrario, lo único que hará es remover la capa arable, trabajo para el cual existen otros aperos.

El subsolador debe ir enganchado a un tractor de una potencia mínima de 70CV ya que los esfuerzos que debe vencer en el terreno son muy altos.

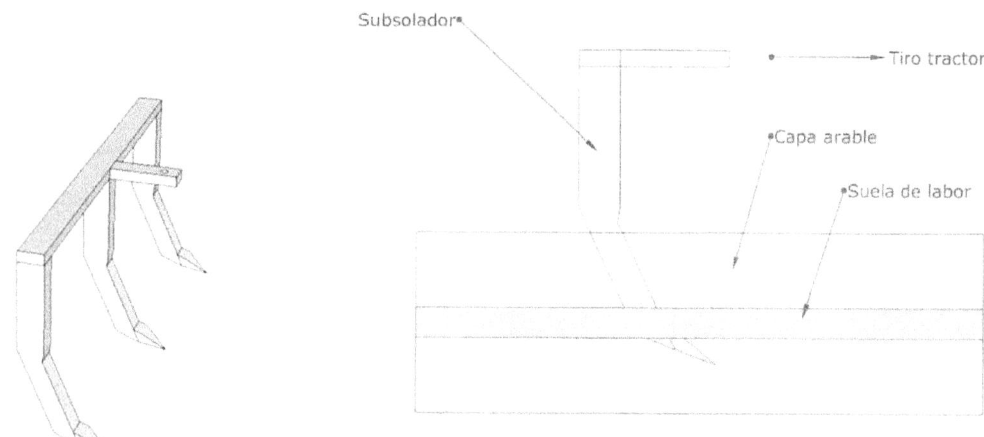

Esquema: Subsolador y suela de labor

- **Volteo**

Invirtiendo la capa arable se pueden enterrar malas hierbas o restos de cosecha para su descomposición en condiciones anaerobias, también se pueden enterrar determinados fertilizantes y ayuda a la aireación del terreno

Los aperos utilizados para esta labor son el arado de vertedera y arado de disco

Labores superficiales o secundarias

- **Mezcla de tierra**

Esta labor tiene dos misiones fundamentales, por una parte contribuir al esponjamiento del suelo que permite una mejor aireación del terreno y aumenta el poder de almacenamiento de humedad y por otra distribuir de una forma uniforme los elementos nutritivos.

Para este trabajo se suelen utilizar rotocultivadores.

- **Configuración del terreno**

En algunas ocasiones por las características del cultivo a implantar se hace necesario configurar el terreno en forma de caballones, surcos, etc.

3.2.5.2 Correcciones o enmiendas

En función de los resultados analíticos procederemos a las correcciones necesarias que normalmente suelen ser:

- **Enmiendas orgánicas**

Encaminadas alcanzar los porcentajes mínimos de materia orgánica en el suelo, se utiliza básicamente estiércol, compost o turba

- **Enmiendas correctoras del pH**

✓ Enmiendas acidificantes. Son las que bajan el pH como por ejemplo la aportación al suelo de Yeso agrícola ($CaSO_4$), de Azufre o de estiércol (salvo el de gallinaza)

✓ Enmiendas alcalinizantes. Son las que suben el pH como por ejemplo la realización de un encalado (aportación de productos de calcio: $CaCO_3$, $Ca(OH)_2$ o CaO), aportación de escorias Thomas o de estiércol de gallinaza

✓ Enmiendas sin acción sobre el pH. Son las que no modifican el pH como por ejemplo la aportación de fosfatos naturales o guano de aves (excepto el de gallinaza)

- **Abonado de fondo**

Entendemos como "abonado de fondo" a la incorporación de los fertilizantes necesarios para alcanzar los niveles óptimos de nutrientes que nuestro cultivo necesita para su implantación.

Hay que destacar aquí que un abono o fertilizante es una sustancia o mezcla de sustancias destinadas a proporcionar al suelo los elementos necesarios para las plantas. Pero la mayoría de los abonos no sólo aportan nutrientes sino que debido a su composición química, alteran una serie de características fisico-químicas del suelo (estructura, pH, CIC, etc.) que indirectamente también influyen en la nutrición vegetal.

Las características en las que hay que fijarse cuando utilicemos un fertilizante son:

✓ Solubilidad.

Los fertilizantes nitrogenados y potásicos no presentan problemas en este sentido, el problema es casi opuesto, al ser extremadamente solubles, pueden desaparecer por lavado. La baja solubilidad de los abonos fosfatados es su característica más desfavorable.

✓ Carácter ácido-básico.

Es importante conocer el carácter ácido o básico del fertilizante a utilizar, ya que podría modificar el pH del suelo.

✓ La riqueza en nutrientes (%)

Se define como riqueza a la cantidad de elemento o elementos esenciales que el fertilizante o abono en cuestión contiene.

Según la Orden publicada en el B.O.E. del 19 Junio 1991, el contenido de cada uno de los elementos que determinan la riqueza garantizada se expresarán de la siguiente forma:

"N" para todas las formas de nitrógeno, "P_2O_5" para todas las formas de fósforo, "K_2O" para todas las formas de potasio, "CaO" para todas las formas de calcio, "MgO" para todas las formas de magnesio, "SO_3" para todas las formas de azufre, "Na_2O" para todas las formas de sodio y el resto de los elementos fertilizantes se expresarán como el elemento.

✓ Unidades de fertilizante

Una unidad de fertilizante equivale a 1Kg de N, 1Kg de P_2O_5, 1 Kg de K_2O, 1 Kg de CaO, 1Kg de MgO, 1Kg de SO_3, 1kg de Na_2O, y por extensión 1Kg de cualquiera de los elementos restantes

✓ Formulación del fertilizante.

Pueden ser simples (un solo elemento), binarios (dos elementos: NP, NK, PK), ternarios (tres elementos NPK), etc.

En los fertilizantes de dos o más elementos, los porcentajes de riqueza vienen dados en secuencia, el primer número para Nitrógeno, segundo para Fósforo y el tercero para Potasio. En caso de llevar un cuarto elemento suele ser para el Calcio, Magnesio o Azufre y se suele indicar entre paréntesis el elemento de que se trata.

Ejemplos:

100kg de fertilizante catalogado como 8-15-15, significa que tiene 8kg de N, 15Kg de P_2O_5 y 15Kg de K_2O.

100kg de fertilizante catalogado como 8-20-20-20(MgO), significa que tiene 8kg de N, 20Kg de P_2O_5 y 20Kg de K_2O y 20 Kg de MgO.

El tipo y cantidad necesaria de fertilizante se debe calcular en función de los análisis obtenidos

En el abonado de fondo normalmente se utilizan abonos simples que deben repartirse uniformemente y mezclarse muy bien con la tierra en una profundidad de 15 a 30 cm, operación que debe realizarse con una labor superficial o secundaria como vimos en el apartado anterior.

✓ Dosis

Entendemos por "dosis" a la cantidad de "Unidades Fertilizante" que es necesario aportar a una unidad de superficie (normalmente se toma como referencia una hectárea) para alcanzar los niveles adecuados para el cultivo.

- **Aportación de arena o arcilla**

Si el análisis físico del suelo indica que tenemos un suelo arcilloso debemos corregir este problema con la aportación de arena (enarenado). Las dosis pueden ser variables según el grado de compactación que tengamos, pero dosis de 1 a 3 Kg/m2 suelen ser suficientes para corregir este problema

En el caso de tratarse de un terreno demasiado arenoso se debe aportar tierra arcillosa previamente analizada y mezclada con algo de materia orgánica (compost o turba), de esta forma se mejora mucho las condiciones del medio de cultivo.

- **Corrección de suelos salinos o suelos sódicos**

La corrección de suelos salinos puede realizarse mediante riegos abundantes para que las sales drenen a capas profundas.

En cuanto al sodio (Na) es un elemento que disgrega el terreno e impide la formación de los agregados arcillo-húmicos, por lo que su presencia debe de estar limitada en el suelo.

Para corregir un suelo sódico hay que provocar que iones como el Ca^{2+} o H^+ desplacen al Na^+ de la zona de intercambio catiónico. Esto se puede conseguir aportando al terreno productos que contengan calcio soluble o semisoluble como el Cloruro cálcico ($CaCl_2$) o el yeso agrícola ($CaSO_4.2H_2O$) o productos ácidos que generen iones H^+, como el azufre (S) o sulfato ferroso ($FeSO_4$). $7H_2O$

3.2.5.3 Desinfección del suelo

Puede que se detecte algún problema de infección de hongos, bacterias, altos niveles de nematodos o algún otro agente patógeno que pueda afectar a nuestro cultivo.

En estos casos se debe proceder a la desinfección del suelo pero habría que plantearse su viabilidad económica, ya que se trata de operaciones muy caras y donde no siempre se realiza con éxito.

Básicamente las operaciones que se suelen realizar son:

- Desinfección con productos químicos: Existe una normativa muy exigente en cuanto a la utilización de estos productos ya que en la mayoría de los casos son muy contaminantes.

- Desinfección con vapor de agua. Se utilizan inyectores de vapor de agua a unos 60ºC

- Solarización del terreno: Se colocan láminas plásticas para concentrar la radiación solar y aumentar la temperatura del suelo que debe estar húmedo.

3.3 CULTIVO HIDROPÓNICO

Definición

Consiste básicamente en cultivar sin necesidad de suelo y aportar los nutrientes necesarios para la planta con el agua de riego

Cabezal de riego

En este sistema de cultivo toda la alimentación debe ir a través del agua de riego, por lo tanto es necesario un cabezal de riego automatizado y que cuente con tanques de fertilización, normalmente se necesitan cuatro:

Tanque A: contiene los macronutrientes en medio ácido (excepto el Calcio para evitar incompatibilidades)

Tanque B: contiene exclusivamente sales de Calcio

Tanque C: contiene los microelementos

Tanque D: contiene ácido nítrico cuya misión es la de desobturar los goteros cuando están obstruidos (sobre todo debido a carbonatos y bicarbonatos) y para corregir el pH de la disolución

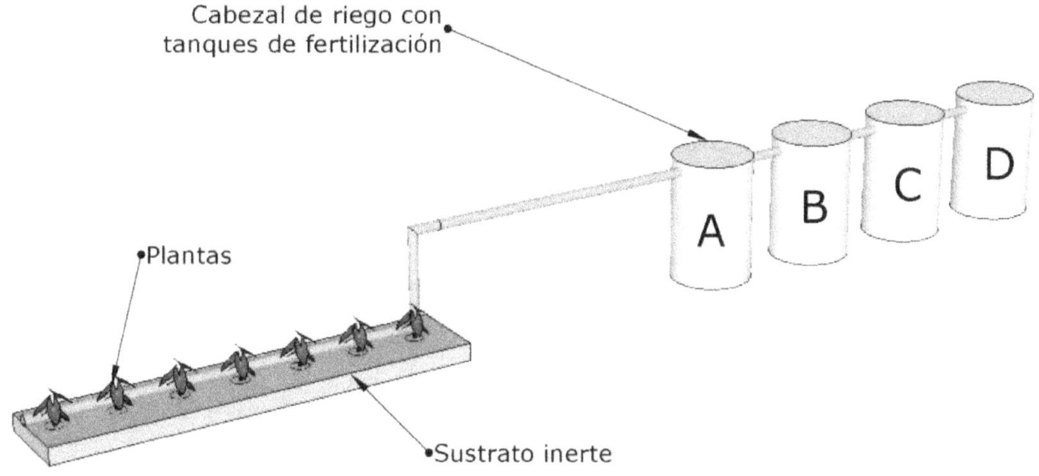

Sustratos

Se caracterizan por ser inertes (de ahí que se conozcan como cultivos sin suelo) en relación a un aporte nutricional.

- Orgánicos: Son materiales biodegradables que con el paso del tiempo se descomponen como el carbón vegetal o fibra de coco

- Inorgánico: Son materiales más sencillos de desinfectar y reutilizar. Los más empleados son la arcilla expandida, lana de roca y perlita.

También se pueden cultivar sin ningún tipo de sustrato es lo que se denomina cultivo hidropónico a "raíz flotante". En este sistema las plantas están insertadas directamente en contenedores (normalmente tuberías de PVC) por la que periódicamente pasa una disolución nutritiva. Para el éxito de este sistema se debe oxigenar las raíces y la solución nutritiva se deberá calcular en función del volumen de la tubería o contenedor.

Ventajas e inconvenientes

Como principales ventajas de utilizar este sistema de cultivo podemos citar:

✓ Nutrición optimizada del cultivo y por lo tanto un aumento de rendimientos y calidad del cultivo.

✓ Mayor eficacia y rentabilidad de los fertilizantes

Como inconvenientes destacan:

✓ Coste inicial elevado en instalaciones

✓ Necesidad de personal especializado

TEMA 5. OPERACIONES DE CULTIVO POSTERIORES A LA IMPLANTACIÓN

TEMA 5. OPERACIONES DE CULTIVO POSTERIORES A LA IMPLANTACIÓN

A lo largo del ciclo de cultivo la planta se va desarrollando y es necesario realizar una serie de operaciones para que llegue a su comercialización con las características deseadas (forma, color, tamaño…) y exenta de cualquier tipo de plaga o enfermedad.

A estas operaciones les llamamos "labores culturales" y la necesidad de realizar unas u otras puede variar mucho dependiendo de la especie vegetal y medio de cultivo escogido. En este tema comentaremos las operaciones más habituales.

1. RIEGO

Las pérdidas de agua en el suelo se producen por:

✓ Transpiración. Una pequeña parte del agua que es absorbida por las raíces es retenida y utilizada en los procesos de crecimiento y fotosíntesis mientras que la gran mayoría pasa a través de la planta y se pierde por transpiración a la atmósfera, refrigerando así a la planta.

✓ Evaporación. Desde el suelo se produce una evaporación a la atmósfera.

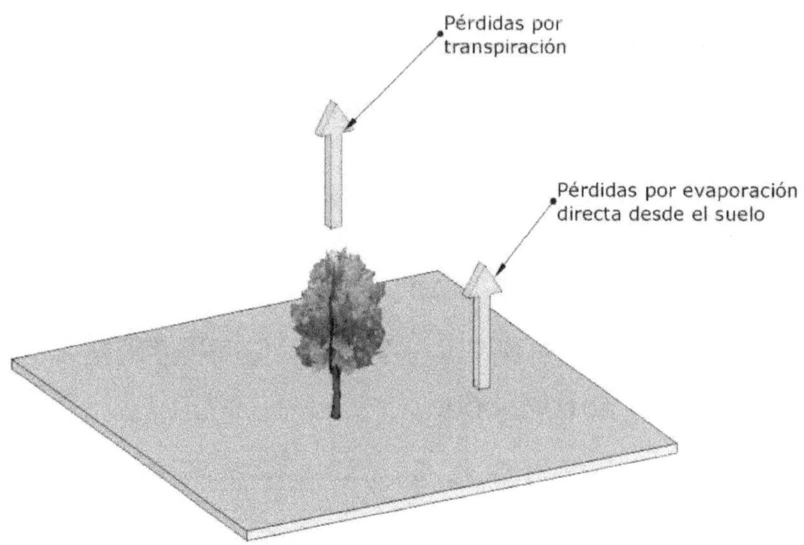

Esquema: Necesidades de agua de las plantas

Denominamos "Evapotranspiración (ET)" a la suma del agua consumida por traspiración y por evaporación. El valor de ET depende la climatología de la zona y del tipo de planta y se expresa en milímetros de atura de agua evapotranspirada cada día (mm/día).

La ET se puede calcular con la fórmula:

Evapotranspiración (ET) = Evapotranspiración de referencia (ETr) × Coeficiente de cultivo (K)

El dato de ETr lo podemos obtener fácilmente ya que las consejerías de agricultura de las comunidades autónomas tienen una red de estaciones metereológicas y cuelgan en sus páginas web los registros y datos de ETr, aunque lo ideal sería tener una estación propia en nuestro vivero.

En cuanto al coeficente de cultivo "K" existe bibliografía especializada donde se pueden conseguir datos de la mayoría de los cultivos según en la fase de crecimiento que se encuentre.

Una vez calculada la ET de nuestro cultivo se debe proceder a la programación de nuestro sistema de riego.

Tensiómetros

También pueden utilizarse instrumentos que nos den una medida real en cada momento del contenido de agua en el suelo y así poder programar el riego según estas lecturas.

Los tensiómetros son unos dispositivos con una parte porosa que es capaz de medir la fuerza con la que el suelo retiene el agua. Indican valores bajos de fuerza o succión cuando hay mucha agua en el terreno e indican valores altos cuando hay poca.

Se suelen instalar por parejas uno en la zona de raíces para detectar posible falta de agua y otro por debajo de ellas para detectar posibles excesos que filtren hacia capas más profundas.

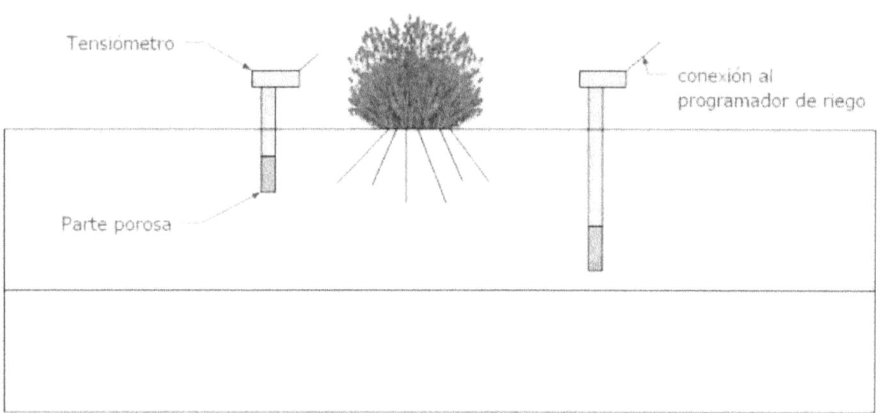

Esquema: colocación de los tensiómetros a distintas alturas

2. ABONADO

2.1 ASPECTOS GENERALES

Ya vimos en el tema anterior que los "abonados de fondo" servían para que el suelo tuviera los niveles de fertilidad exigidos en la fase de implantación.

El cultivo, a lo largo de su ciclo, irá extrayendo esos nutrientes y por tanto los irá agotando poco a poco. Por eso una de las labores culturales más importantes es reponer esas necesidades, es lo que denominamos "abonado de cobertera". También puede recibir otros nombres como "abonado de mantenimiento" o "abonado de reposición".

Si no se tiene mucha experiencia con el cultivo en cuestión se pueden encontrar datos en bibliografía especializada sobre las necesidades nutricionales de la mayoría de los cultivos.

Normalmente las dosis necesarias se expresan en Unidades de Fertilizante (UF) por hectárea y año, así por ejemplo las dosis recomendadas para algunos cultivos ornamentales son:

Nombre científico	Requerimiento de abonado expresado en Kg por hectárea y año		
	N	P_2O_5	K_2O
Calathea ssp.	90	30	60
Dracaena fragans	130	50	90
Ficus benjamina	190	70	130
Monstera deliciosa	160	50	110
Sanseviera ssp.	65	25	45

2.2 ABONOS DE LIBERACIÓN LENTA

Además de los abonos simples o compuestos de tipo granulado o líquido, existen otro tipo de abono llamados "abonos de liberación lenta". Son imprescindibles en determinados tipos de suelos o sustratos que son muy permeables y con poca retención de agua, en los que se produce en un fuerte lavado.

Son básicamente de dos tipos:

a) Productos de baja solubilidad.

Gracias a su baja solubilidad su aportación de nutrientes al terreno se hace de una forma gradual y progresiva. Entre este tipo de fertilizantes destacamos:

- ✓ Urea-Form: Se obtiene por reacción de Urea y Formaldehído.
- ✓ Isobutilidendiurea.
- ✓ Fosfato amónico magnésico.

b) Productos recubiertos.

La sal base, que contiene el o los elementos nutritivos, está recubierta por algún material que impide su rápida disolución. Algunas de estas cubiertas pueden ser:

- ✓ Azufre. La urea recubierta de azufre se emplea para abonados de fondo.
- ✓ Polímeros. Puede ser polietileno de baja densidad perforado o resinas termosellantes que liberan el nutriente por medio de intercambio osmótico.

2.3 ABONADO FOLIAR

Las plantas pueden absorber los nutrientes tanto por las raíces como por las hojas. Por esta razón a veces resulta interesante abonar con soluciones nutritivas que se pulverizan sobre la parte aérea de la planta. Normalmente se realiza este tipo de abonado cuando las necesidades de nutrientes son pequeñas como ocurre en el caso de tener que aportar micronutrientes o en el mantenimiento de esquejes, ya que en sus primeras fases todavía no han enraizado y hay que alimentarlos por la parte aérea.

2.4 FERTIRRIGACIÓN

Se entiende por "fertirrigación" la incorporación de fertilizantes al suelo a través del agua y sus principales ventajas son:

✓ Los fertilizantes se localizan en la zona de desarrollo de las raíces de las plantas por lo que se producen menos pérdidas.

✓ Ahorro importante en mano de obra y maquinaria, ya que se evita el proceso de aporte y mezclado de los abonos sólidos tradicionales

✓ Posibilidad de automatizar el suministro de nutrientes desde el cabezal de riego

✓ También se pueden incorporar otras sustancias como correctores químicos, herbicidas, fungicidas, etc

Para emplear correctamente los fertilizantes en este sistema hay que tener en cuenta aquellas características que pueden influir en el suelo y en el manejo de la instalación. Estas son las siguientes:

- **Solubilidad**

Todos los fertilizantes usados en fertirrigación deben tener un grado de solubilidad suficiente que les permita llegar al suelo a través de la instalación de riego, sin que se produzcan problemas de obturación por la existencia de partículas sólidas sin disolver.

- **Salinidad**

La concentración de sales solubles en el agua de riego es un criterio fundamental para juzgar su calidad. El tipo, cantidad y frecuencia de aplicación de los fertilizantes debe determinarse siempre tras conocer la calidad del agua con la que se va a regar.

- **Acidez**

Conviene mantener una reacción ácida tanto en el agua de riego como en el suelo, puesto que así se evitan las precipitaciones calcáreas en las conducciones, y también porque la mayoría de los nutrientes son absorbidos por las plantas cuando en el suelo se mantiene un pH ácido.

- **Grado de pureza**

Los fertilizantes utilizados para fertirrigación deben tener un alto grado de pureza para evitar sedimentaciones y obstrucciones en la instalación.

- **Compatibilidad de las mezclas**

Se deben mezclar sólo aquellos fertilizantes que sean compatibles, es decir, aquellos que no den lugar a reacciones químicas entre sí originando productos sólidos insolubles. En estos casos se deben aplicar por separado.

A continuación se muestra un cuadro donde se muestra la compatibilidad de los fertilizantes más utilizados en fertirrigación.

	Nitrato amónico	Sulfato amónico	Solución itrogenada	Urea	Nitrato cálcico	Nitrato potásico	Fosfato monoamónico	Ácido fosfórico	Sulfato potásico	Cloruro potásico
Nitrato amónico		C	M	M	I	M	M	M	C	C
Sulfato amónico	C		C	M	I	C	I	I	C	C
Solución nitrogenada	M	M		M	M	M	M	M	Ü	Ü
Urea	M	M	M		M	M	M	M	C	C
Nitrato cálcico	I	I	M	M		M	I	I	I	C
Nitrato potásico	C	C	C	M	C		C	C	C	C
Fosfato monoamónico o diamónico	M	I	M	M	I	C		C	C	C
Ácido fosfórico	M	I	M	M	I	C	C		C	C
Sulfato potásico	C	C	C	C	I	C	C	C		C
Cloruro potásico	C	C	C	C	C	C	C	C	C	

C = Compatibles

I = Incompatibles

M= Se pueden mezclar y utilizar al momento. Si se dejan reposar durante un tiempo se pueden dar incompatibilidades dando lugar a precipitados

3. CONTROL DE LOS FACTORES AMBIENTALES

Los factores ambientales que más influyen decisivamente en el crecimiento de las plantas son la temperatura, la humedad relativa y la radiación solar.

En los cultivos al aire libre poco podemos hacer para controlar estos factores, ya que estamos expuestos al clima de la zona, por eso es muy importante que la ubicación del vivero haya sido la correcta, sin embargo, en la producción bajo invernadero si los podemos controlar.

A continuación analizaremos estos factores de forma genérica y veremos los sistemas de climatización más empleados en invernaderos.

3.1 TEMPERATURA

La temperatura máxima que debemos permitir en el interior del invernadero es de 35ºC, ya que se ha demostrado que a partir se produce un consumo excesivo de reservas y se produce un descenso brusco de la fotosíntesis.

La temperatura mínima debe oscilar sobre los 14ºC. Por debajo de este nivel muchas plantas tropicales reducen su crecimiento.

El termómetro de máximas y mínimas debe de ir protegido en una caseta para evitar lecturas incorrectas y si el sistema está automatizado, debe ir conectado a los sistemas de apertura y cierre de mallas de sombreo o pantallas térmicas.

3.2 HUMEDAD RELATIVA

Muchas plantas ornamentales por el origen de donde provienen necesitan una humedad relativa alta entre el 50 y el 80%.

Cuando el psicrómetro marca los niveles mínimos de humedad relativa, deben de ponerse en marcha los sistemas de nebulización.

Foto: Sensores de temperatura y humedad relativa conectados con los sistemas de apertura y cierre de pantallas y nebulizadores.

3.3 RADIACIÓN SOLAR

La radiación solar influye en la fotosíntesis y en la respiración de la planta.

El nivel mínimo óptimo se alcanza en el llamado "punto de compensación de luz", que es el nivel de radiación en que la síntesis ganada por fotosíntesis iguala a la pérdida por respiración de la planta. Si la intensidad de luz baja de este nivel la planta pierde reservas y si aumenta de este valor la planta gana reservas.

El nivel máximo que debemos alcanzar es el llamado "punto de saturación" que corresponde al valor a partir del cual por mucho que se incremente la intensidad de luz la planta no sintetiza más materia orgánica.

Los niveles mínimo y máximo varían mucho según la especie a cultivar. Así las especies de interior están acostumbradas a bajas intensidades, mientras que las especies de exterior requieren altos niveles.Los valores óptimos de cada especie se pueden encontrar en bibliografía especializada.

La radiación global se puede medir con un solarímetro y las unidades de medida más comunes son el "lux" o el "watio/m^2".

Resulta práctico automatizar los sistemas de apertura y cierre de las cortinas de sombreo, para que se cierren automáticamente si el solarímetro detecta valores superiores al "punto de saturación" recomendado.

3.4 REFRIGERACIÓN EN INVERNADEROS

3.4.1 Refrigeración por ventilación

El intercambio de aire entre el interior y el exterior del invernadero incide de una manera clara en el clima de cultivo.

No solamente influye en la temperatura del aire, sino que también afecta al contenido de vapor de agua y de anhídrido carbónico (CO_2)

Ventilación natural o "ventilación pasiva"

La ventilación natural se realiza abriendo o cerrando ventanas y puede ser:

- Lateral-lateral, cuando solo existen ventanas laterales.

- Lateral-cenital, cuando existen ventanas laterales y ventanas cenitales.

La ventilación lateral-cenital es más eficiente ya que se produce un movimiento de aire más homogéneo por todo el invernadero y por tanto precisa de menos superficie de ventana.

Se considera que un invernadero está bien ventilado cuando tiene una capacidad de renovación del aire interior cercana a 40 renovaciones por hora.

Para conseguir esta tasa de renovación, la relación entre la superficie de ventana y superficie de suelo cubierto por el invernadero debe ser próximo a:

$$Ventilación\ lateral - lateral = \frac{Supreficie\ ven\tan a}{Superficie\ suelo} \cong 20\%$$

$$Ventilación\ lateral - cenital = \frac{Supreficie\ ven\tan a}{Superficie\ suelo} \cong 15\%$$

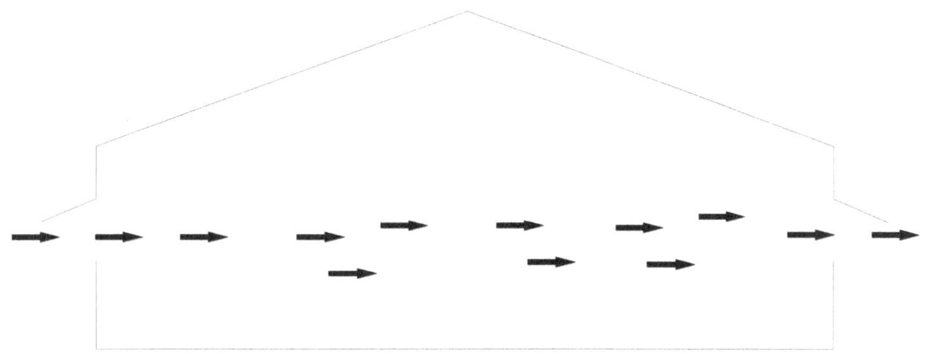

VENTILACIÓN LATERAL-LATERAL

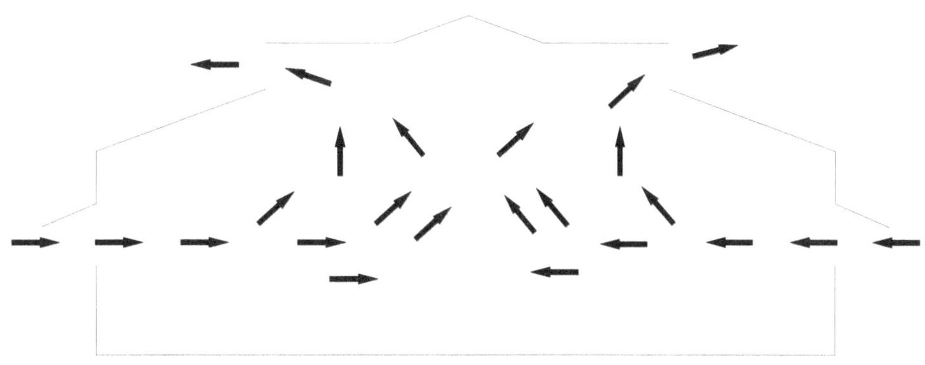

VENTILACIÓN LATERAL-CENITAL

Ventilación mecánica

El uso de ventiladores permite un control más preciso de la temperatura del invernadero que el que puede lograrse con la ventilación natural o pasiva.

No es frecuente encontrar equipos de este tipo por el precio de la instalación y por el consumo de electricidad.

3.4.2 Refrigeración por sombreo

Se pueden dividir los distintos sistemas de sombreo en dos grupos:

- Sistemas estáticos. Son aquellos que una vez instalados sombrean al invernadero de una manera constante, sin posibilidad de graduación o control.
- Sistemas dinámicos. Son aquellos que permiten un control más o menos perfecto de la radiación solar en función de las necesidades climáticas del invernadero.

3.4.2.1 Sistemas estáticos de sombreo

a) Encalado

El blanqueo de las paredes a base de carbonato cálcico o de cal apagada. En zonas de poca lluvia se prefiere el carbonato cálcico o "Blanco de España" porque es más fácil de eliminar por lavado pero en zonas más húmedas es preciso usar soluciones de cal apagada.

Foto: Encalado de invernaderos

El blanqueo presenta una serie de inconvenientes:

- El primer aspecto negativo es la permanencia de la cal en el invernadero durante períodos cubiertos. Como ya se ha señalado, los sistemas estáticos no permiten ajustar el grado de sombreo en función de las condiciones ambientales.

- Otro inconveniente es el consumo de mano de obra en las operaciones de aplicación y limpieza. Sobre todo en esta última acción es recomendable usar una solución ácida para quitar los restos de cal, pues con agua sola y fricción de la cubierta suelen quedar manchas sobre las paredes.

- La aplicación de la cal no puede hacerse nunca con homogeneidad, y por tanto existen diferencias en la cantidad de luz que llega a las plantas. La preparación de la mezcla también influye en la transmisión de radiación.

En cuanto al efecto del blanqueo sobre las temperaturas del aire, los datos son difíciles de comparar entre sí, ya que la aplicación de la cal tendrá distinta acción según el tipo de invernadero sobre el que se utilice. Por término medio los descensos de temperatura que se pueden obtener con este método oscilan entre los 2 y 8 ºC.

b) Mallas de sombreo

El grado de sombreo de la malla se escoge de forma que al mediodía las plantas del invernadero reciban una cantidad de radiación cercana al "punto de saturación lumínica"

Las mallas de sombreo suelen ser de polietileno o de materiales aluminizados, aunque otros materiales como el polipropileno, el poliéster y derivados acrílicos también se comercializan.

Fotos: Invernadero con malla aluminizada

El tipo de material y su color influyen decisivamente en la calidad de la malla, ya que influye sobre sus propiedades ópticas (porcentaje de transmisión, reflexión y absorción de la luz). Veamos a continuación una comparativa entre tres mallas, una aluminizada, otra blanca y otra negra, de igual poder de transmisión (40%).

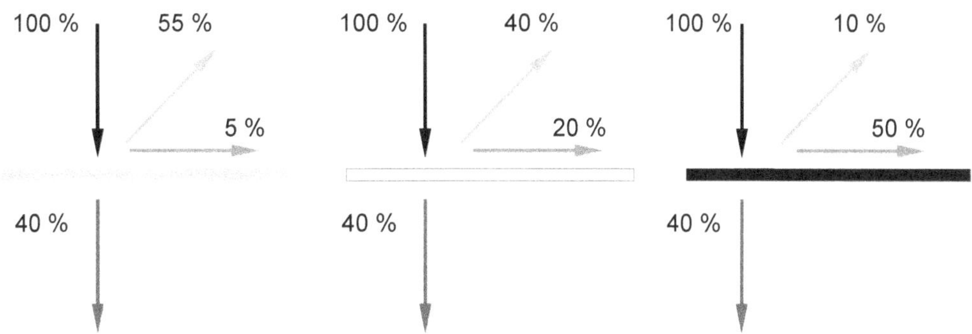

La malla aluminizada refleja un 55% de la radiación, la blanca un 40% y la negra un 10%, esto significa que la absorción de la luz es del 5%, 20% y 50% respectivamente.

Debemos tener en cuenta estos datos, ya que aunque las tres mallas sombrean lo mismo (60%), la mayor absorción implica un calentamiento de la malla, reduciendo su acción refrigerante dentro del invernadero.

A la luz de los datos anteriores se deduce que las mejores mallas son las aluminizadas, seguidas de las blancas y por último las negras.

Mallas experimentales de colores

Algunos estudios han mostrado la gran influencia que ejercen algunas longitudes de onda sobre el crecimiento y desarrollo de las plantas y se ha demostrado que las radiaciones de longitud de onda correspondientes al color rojo y azul es donde se concentra la mayor radiación aprovechada en la fotosíntesis, por lo que una mayor luminosidad con estas frecuencias podría influir positivamente en el crecimiento de las plantas.

Existen en el mercado mallas que reflejan estas longitudes de onda con la intención de influir en estos aspectos.

Foto: Mallas experimentales rojas y azules

3.4.2.2 Sistemas dinámicos de sombreo

Cortinas móviles

El uso de mallas de sombreo fijas tiene un claro inconveniente: durante las primeras horas del día y las últimas de la tarde, así como durante días nublados, el sombreo es excesivo y la fotosíntesis neta queda reducida. Si se cuenta con un mecanismo que arrastre la pantalla y extienda o cierre en función de los niveles de luz se puede lograr un uso mucho más eficiente de la radiación disponible.

El equipo de arrastre de la cortina tiene como elementos básicos un eje de giro motorizado, unos cables de acero que se enrollan en el eje y desplazan la pantalla, un conjunto de poleas y un sensor de radiación fotoactiva.

Foto: sensor de radiación

3.4.3 Refrigeración por evaporación de agua

Fundamentos

El agua, al pasar de estado líquido a vapor, absorbe calor. Si disponemos en el invernadero de algún equipo capaz de vaporizar agua, la vaporización absorberá calor del aire del invernadero y por tanto bajará la temperatura ambiente.

Los sistemas de humidificación empleados son dos: la pantalla evaporadora y las boquillas de nebulización.

Pantalla evaporadora

Se trata de una pantalla de material poroso que se satura de agua por medio de un equipo de riego. La pantalla se sitúa a lo largo de todo un lateral o un frontal del invernadero. En el extremo opuesto se instalan ventiladores eléctricos. El aire exterior entra a través de la pantalla porosa, absorbe humedad y baja su temperatura. Posteriormente, es expulsado por los ventiladores.

Un buen equipo puede elevar la HR de un invernadero hasta 85%. La pantalla suele estar confeccionada con materiales celulósicos en láminas coarrugadas y pegadas con aditivos.

Para el diseño de las instalaciones de pantallas evaporadoras se pueden seguir las siguientes normas:

- La mejor distancia desde la pantalla a los ventiladores, es la comprendida entre 20 y 25 metros. En invernaderos muy largos se pueden instalar los ventiladores en el centro sobre el techo y las pantallas en ambos extremos.

- Siempre que sea posible se deben situar las pantallas a barlovento.

- Es muy importante tener en cuenta que el invernadero debe ser hermético, de manera que todo el aire forzado por los ventiladores penetre únicamente a través de la pantalla. De existir otras aperturas, el aire entrará por ellas sin recibir aporte de humedad y el sistema será ineficaz.

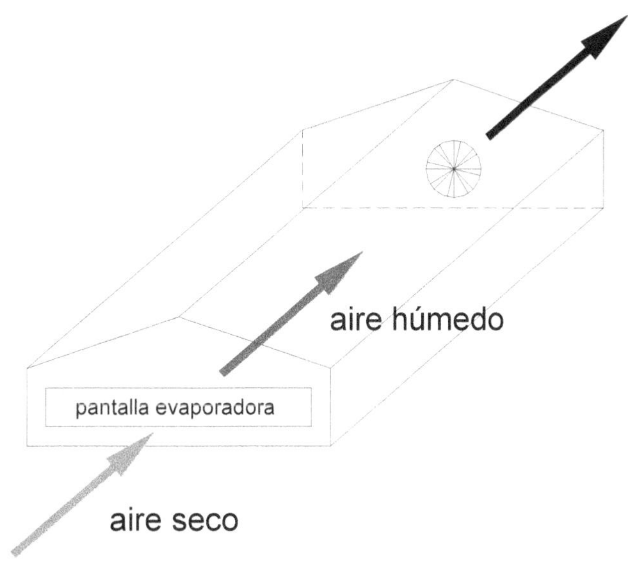

Esquema: Sistema de refrigeración por pantalla evaporadora

Nebulización fina

La nebulización o «fog» consiste en distribuir en el aire un gran número de partículas de agua líquida de, tamaño próximo a diez micras.

Debido al escaso tamaño de las partículas, su velocidad de caída es muy pequeña, de modo que permanecen suspendidas en el aire del invernadero el tiempo suficiente para evaporarse sin llegar a mojar los cultivos.

Si las condiciones ambientales hacen que las gotas se depositen sobre las hojas, la cantidad de agua depositada es suficientemente pequeña como para no dañar los cultivos.

El elemento más delicado de todo el conjunto es la boquilla que recibe agua a presión, la divide en gotas minúsculas y las dispersa a corta distancia, ya que de su diseño depende la calidad de la instalación.

El movimiento natural del aire se encarga de distribuir la humedad por todo el invernadero, aunque también existen equipos que fuerzan una corriente de aire y mejoran el alcance de las gotas.

La instalación de nebulización debe ser totalmente independiente a la del riego.

Foto: nebulización fina

Humidificadores mecánicos

Son apropiados para instalaciones pequeñas y la calidad de nebulización es en general peor que la de los sistemas anteriores y por esta razón pueden ser más útiles para el cultivo de hortalizas que para el de flor cortada o planta ornamental.

Algunos modelos utilizan la fuerza centrífuga para producir gotas de agua pequeñas y un ventilador que las extiende por el invernadero. Los equipos más recientes tienen capacidad para nebulizar entre 40 y 200 litros de agua por hora y un solo equipo basta para cubrir 100 m^2 de invernadero.

3.5 CALEFACCION EN INVERNADEROS

Son muchos los sistemas de calefacción que podemos emplear, pero todos se fundamentan en hacer circular agua o aire caliente a través de conductos y aprovechar la energía que desprenden.

Lo más habitual por la sencillez de montaje y manejo es instalar generadores de aire caliente.

Los factores a tener en cuenta para que este sistema sea efectivo y se garantice una buena distribución del aire sin turbulencias, es que el caudal de aire y la potencia calorífica del quemador estén acorde con el volumen del invernadero.

Además del quemador este sistema requiere una red de tuberías o conductos de plástico de 30-40cm. de diámetro que deben estar suspendidas a una altura de entre dos y tres metros y por las cuales saldrá el aire caliente.

Fotos: Detalles de un aerotermo y de los conductos de distribución

4. MODIFICACIÓN DEL DESARROLLO DE LA PLANTA

Las operaciones que se pueden realizar en un vivero para modificar el desarrollo de una planta son básicamente tres:

- Intervención física: el pinzado, la poda de formación y el entutorado.
- Intervención química: mediante el uso de fitoreguladores.
- Alteración del fotoperiodo.

4.1 INTERVENCIÓN FÍSICA: PINZADO, PODA DE FORMACIÓN Y ENTUTORADO

• Pinzado

Muchas plantas suelen concentrar el máximo de crecimiento en los "brotes apicales", que son las "puntas" o "extremos" de las ramas, mientras que los "brotes laterales" apenas crecen. Este tipo de plantas dan lugar a especies que crecen en altura, con pocas ramas pero muy largas.

Desde el punto de vista estético, muchas veces interesa justo lo contrario, es decir, plantas con una densa estructura de ramas laterales y que formen una planta compacta que resulte mucho más vistosa cuando se produzca la floración.

Esto se puede conseguir con la operación de "pinzado", también llamada "despunte", que consiste en cortar el brote apical, provocando que se desarrollen las yemas laterales.

Un ejemplo típico es el crisantemo. Si se cultiva sin pinzar, obtenemos varas largas que se comercializan a floristerías para la composición de ramos florales, mientras que si se pinzan, obtenemos plantas de bajo porte con numerosas ramas laterales que confieren a la planta un aspecto compacto y vistoso.

Fotos: Crisantemos sin pinzar (izquierda) y crisantemos pinzados (derecha)

- **Poda de formación**

Como "poda de formación" entendemos al conjunto de operaciones de poda cuyo objetivo es conseguir una determinada forma, o mantener ésta una vez conseguida.

Éstas operaciones se realizan durante los primeros años de vida de la planta y deben realizare en el periodo de latencia o reposo de la planta, es decir, en invierno, procurando hacer cortes limpios y cubriendo la parte de la rama cortada con algún cicatrizante para evitar infecciones posteriores.

- **Entutorado**

En muchas ocasiones tenemos que "dirigir" o "guiar" el crecimiento de la planta mediante algún sistema de sujeción, para conseguir que tenga una correcta posición vertical o una adecuada distribución de sus ramas.

Fotos: Distintos tipos de entutorado

Algunos arbustos y árboles ornamentales y, por supuesto, todas las plantas trepadoras requieren algún tipo de entutorado mientras se desarrollan en el vivero.

Los tutores a emplear pueden ser de materiales naturales (fibra de coco, cañas, etc.) o artificiales (varas o cintas plásticas).

4.2 INTERVENCIÓN QUÍMICA: APLICACIÓN DE REGULADORES DE CRECIMIENTO

Los reguladores de crecimiento son productos químicos que pueden modificar la dinámica interna de crecimiento y desarrollo de la planta.

Se utilizan generalmente en concentraciones muy bajas, y hay que ser muy precisos a la hora de elegir la dosis, el modo y el momento de aplicación, pues de lo contrario los resultados pueden ser contraproducentes.

A continuación se citan los reguladores más empleados actualmente y su influencia sobre las plantas

- **Auxinas**

✓ Provocan la dominancia de la yema principal sobre las axilares.

✓ Aceleran los procesos de iniciación de raíces, tanto en la multiplicación vegetativa clásica, como en la propagación «in vitro».

- **Giberelinas**

✓ Sustitución, total o parcial, del efecto inductor del frío en la floración de algunas especies, sobre todo las pertenecientes a la familia de las Aráceas.

✓ Provocan generalmente un alargamiento de los entrenudos.

✓ En algunas semillas permite romper el letargo.

- **Retardantes del crecimiento**

✓ Reducen la altura de las plantas, ocasionando a veces efectos secundarios, como son la mayor ramificación y la aparición prematura de flores.

- **Citoquininas**

✓ Favorecen el enraizamiento en la propagación «in vitro».

✓ Estimulan la proliferación de brotes basales o laterales.

✓ Evita la caída de hojas. Aplicadas en pequeñas concentraciones, pueden ayudar al transporte.

- **Productores de etileno y similares**

El etileno es una hormona natural que está implicada en los procesos de maduración de frutos y de senescencia de la mayoría de las plantas. Los principales usos son:

✓ Maduración artificial de frutas.

✓ En las Bromeliáceas, permite inducir los procesos de floración.

De todas formas hay que ser precavidos pues para algunas plantas, pequeñísimas concentraciones de etileno provocan la caída de las hojas o las flores.

- **Inhibidores de etileno**

Los inhibidores de la formación de etileno pretenden contrarrestar el efecto de maduración o "envejecimiento" que ejercen sobre las plantas. Se aplica en plantas de flor con problemas de transporte como la especies del género *Pelargonium (geranio)*.

El producto químico más utilizado es el Tiosulfato de plata y el Metil-ciclo-propano (MCP), que se comercializa con el nombre de ETHYLBLOC, en forma de polvo que mezclado con agua caliente (Tª>60ºC) desprende el gas activo.

- **Pinzantes químicos**

✓ Destruyen el meristemo terminal ocasionando la brotación de los laterales.

4.3 ALTERACIÓN DEL FOTOPERIODO

Cada especie florece en una época determinada cuando se cultiva en un determinado lugar. Sin embargo, se ha observado que en algunas plantas, la floración se puede adelantar o retrasa según la duración del día. Esta reacción de las plantas ante la duración de la luz del día recibe el nombre de "fotoperiodo".

En relación a la respuesta fotoperiódica, las plantas se clasifican de la siguiente manera:

a) *Plantas de día corto:* inician la floración cuando la longitud del día es más corta que la longitud del día crítico.

Los crisantemos y las poinsettias (flor de Pascua) son ejemplos típicos.

PLANTAS DE DÍA CORTO

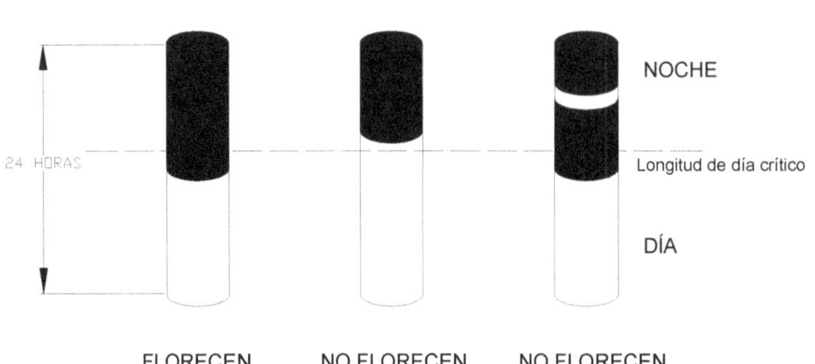

b) *Plantas de día largo:* inician la floración cuando la longitud del día es más largo que la longitud del día crítico. Por ejemplo la petunia.

PLANTAS DE DÍA LARGO

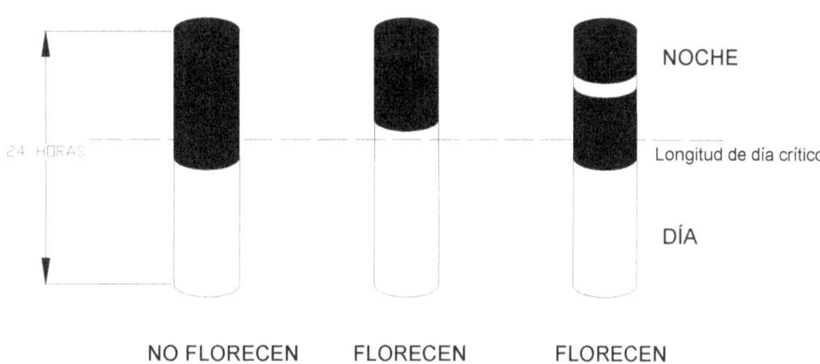

c) *Plantas neutras:* inician la floración en un amplio rango de fotoperíodo.

En la práctica, podemos anticipar o retrasar la floración en algunas especies, acortando el día tapando las plantas con plástico negro o alargando el día con luz artificial. En este último caso la cantidad de luz necesaria suele ser pequeña y no siempre es necesario aportarla de forma continuada.

En el cuadro siguiente se pueden ver algunos resultados obtenidos en la aplicación de luz artificial en función de la especie, intensidad, periodo de aplicación y duración de la iluminación artificial.

Especie	Intensidad (mW/m^2)	Aplicación	Duración	Resultados sobre la floración
Crisantemo	1.000	Octubre/Abril	Alargamiento del día a 16h	Retraso
Poinsettia	300	Octubre	Interrupción nocturna	Retraso
Clavel	1.300	Enero/Febrero	Toda la noche	Anticipo

Foto: Iluminación artificial en invernaderos

5. TRASPLANTES

5.1 TRASPLANTES EN CONTENEDORES

Una vez el sistema radicular se ha desarrollado debemos trasplantar la plántula a otro contenedor de mayor capacidad.

El número de trasplantes a realizar y tipos de envase a utilizar dependerá del tipo de especie que estemos reproduciendo, así como del proceso que va a seguir en el vivero hasta alcanzar su tamaño de venta.

5.2 TRASPLANTES EN EL TERRENO

Cuando las especies a comercializar son de cierto tamaño y se cultivan en el suelo directamente se pueden trasplantar de dos formas:

✓ Trasplante con cepellón

La planta se extrae con las raíces recubiertas del sustrato donde ha vivido, así están más protegidas, pueden continuar alimentando a la planta y, por tanto, sufre menos en su comercialización. Esto es lo habitual para la mayoría de las especies ornamentales. El cepellón debe estar ligeramente humedecido para su transporte.

✓ Trasplante a "raíz desnuda"

En algunos casos resulta ventajoso comercializar la planta a "raíz desnuda", es decir sin sustrato alguno. De esta forma se reducen pesos y se facilita su manejo y transporte reduciendo al mismo tiempo los costes.

El principal inconveniente es que la planta puede deshidratarse y marchitarse rápidamente. Por eso solo se pueden trasplantar de esta forma especies rústicas que tengan una parada vegetativa significativa en otoño o invierno.

También es muy importante recortar las raíces que estén dañadas (rotas o desgarradas) con unas tijeras de poda afiladas para asegurar un corte limpio y a continuación aplicarles algún fungicida para prevenir infecciones por hongos.

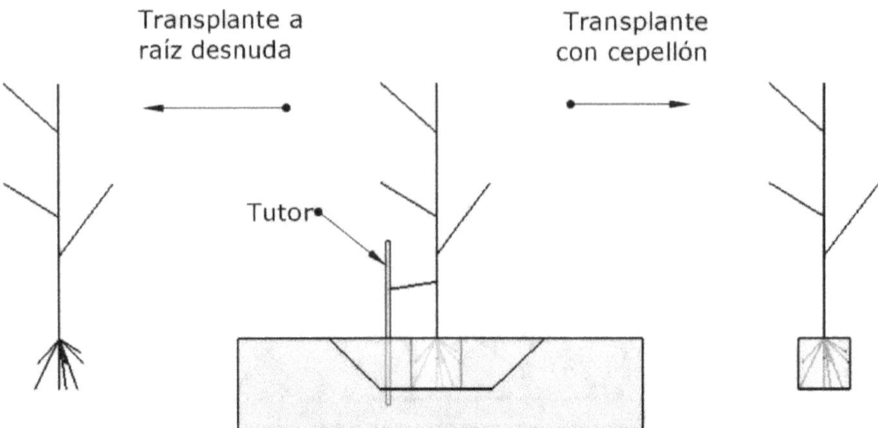

6. ELIMINACIÓN DE MALAS HIERBAS

En realidad no existen las "malas" o "buenas" hierbas. Definimos una mala hierba como aquella que crece junto a nuestro cultivo y que no es de utilidad.

Los principales inconvenientes que nos pueden causar son:

✓ Competencia con el cultivo por agua y nutrientes reduciendo sus rendimientos y su calidad
✓ Pueden ser huéspedes y transmisoras de plagas o enfermedades
✓ Dificultan algunas labores de cultivo

Se pueden clasificar en dos grandes grupos:

✓ De hoja estrecha. Son las especies monocotiledóneas (presentan una sola hoja cuando germinan)
✓ De hoja ancha. Son las especies dicotiledóneas (presentas dos hojas cuando germinan)

Podemos combatirlas de tres formas:

✓ Manualmente
✓ Con herbicidas que son selectivos para hierbas de hoja ancha o para hierbas de hoja estrecha.
✓ Mediante el empleo de acolchados o "mulching"

Esta técnica consiste en repartir por el terreno algún tipo de material (llamado "mulch") que impida el desarrollo de malas hierbas.

Este material puede ser orgánico (restos de poda o siegas, corteza de pino, paja, etc.) o inorgánico (mantas geotextiles o materiales inertes como la grava)

La utilización de materiales orgánicos puede presentar la ventaja de que en su proceso de descomposición aporten elementos nutritivos, ahora bien, hay que tener en cuenta que se puede experimentar un descenso de los niveles de Nitrógeno, ya que los microorganismos que participan en este proceso de descomposición son grandes consumidores de este elemento, por lo que haría falta un refuerzo en los planes de abonado previstos de Nitrógeno.

7. TRATAMIENTOS FITOSANITARIOS

En ocasiones podemos tener ataques de algún tipo de organismo patógeno que cause daño al cultivo provocado una pérdida económica importante.

Los tratamientos fitosanitarios tienen como objetivo mantener a las poblaciones de estos organismos dentro de unos niveles aceptables.

Hablamos de "plaga" cuando el daño lo causa algún tipo de insecto, ácaro, nemátodo, molusco o animal vertebrado y normalmente son reconocibles a simple vista y hablamos de "enfermedad" cuando el daño lo producen organismos microscópicos como hongos, bacterias y virus.

Las medidas que podemos adoptar las podemos clasificar como preventivas, químicas, biológicas e integradas.

Medidas preventivas

Como medidas preventivas podemos citar:

- ✓ Asegurarnos la sanidad del material vegetal de partida (planta madre, semillas, esqueje, etc.)
- ✓ Mantener el cultivo con una dosis de riego y abonado correctos
- ✓ Limpiar y desinfectar las herramientas de corte para evitar la transmisión de enfermedades.

Medidas químicas

Sólo cuando las poblaciones superen los umbrales mínimos aplicaremos productos químicos y debemos estar seguros del organismo a combatir, tipo de producto a utilizar y tomar todas las medidas de protección adecuadas.

Foto: Placas cromotrópicas para la captura de insectos y seguimiento de sus poblaciones

Medidas biológicas

Podemos utilizar organismos vivos para eliminar a los que causan daños al cultivo. Un ejmplo muy conocido es el de la mariquita (Coccinella septempunctata) que es un depredador natural del pulgón.

Medidas integradas

La lucha integrada combina a todas las anteriores de la forma más compatible posible para hacer frente a la plaga o enfermedad.

TEMA 6: TÉCNICAS DE PRODUCCIÓN DE TEPES

TEMA 6: TÉCNICAS DE PRODUCCIÓN DE TEPES

1. INTRODUCCCIÓN

Podemos definir "tepe" como un rollo o plancha de sustrato con césped.

Se suelen emplear en jardines o campos deportivos cuando se necesita establecer una pradera completa con rapidez, ya que la implantación de un césped por semilla o esqueje requiere de más tiempo.

También se emplean cuando se quieren reparar daños de forma inmediata.

Fotos: Tepe en rollo (izquierda) y en planchas para reparación de daños (derecha)

En este tema veremos las especies cespitosas más utilizadas para la realización de tepes, las técnicas de implantación, las labores de mantenimiento y las técnicas de extracción.

2. ESPECIES CESPITOSAS

2.1 CARACTERÍTICAS BOTÁNICAS

Las especies cespitosas pertenecen a la familia de las Gramíneas y a pesar de que existen miles de especies apenas unas veinte son capaces de formar un tapiz verde y uniforme y son, por tanto, válidas para la jardinería.

Crecimiento

Al ser especies monocotiledóneas carecen de crecimiento secundario en grosor, por lo que mantienen siempre los tallos finos en crecimiento.

Presentan un sistema radicular adventicio, es decir, poco profundo y muy ramificado y el hábito de expansión puede ser:

- Rastrero: mediante estolones (tallos superficiales) y rizomas (tallos subterráneos)
- Por ahijamiento (formando macollas)

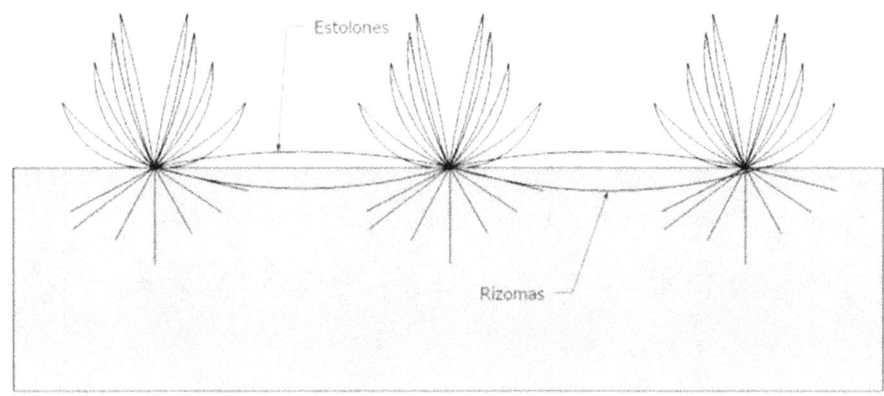

Esquema: Especies de hábito de expansión rastrero

Las especies de carácter rastrero presentan mayor capacidad de colonización que las de ahijamiento y forman un tapiz continuo y compacto.

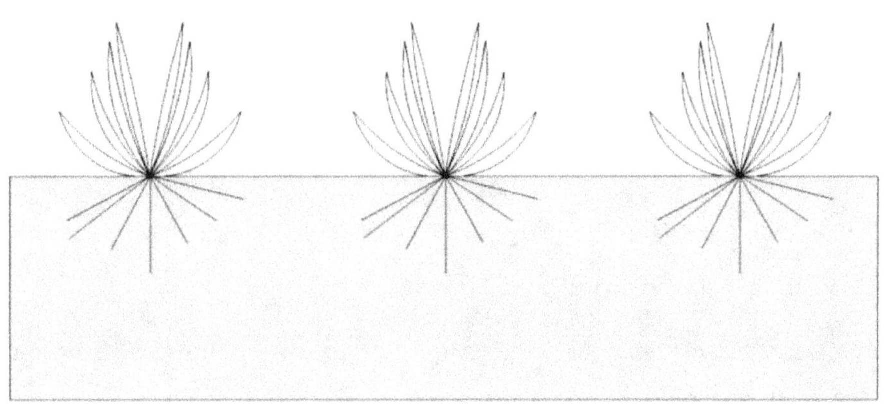

Esquema: Especies de hábito de expansión por ahijamiento

Las especies de expansión por ahijamiento normalmente van acompañadas de una rastrera para poder formar una pradera continua y para que el tepe se pueda enrollar y manipular fácilmente sin desmoronarse.

Adaptación climática

Según su adaptación climática las podemos clasificar en:

- Especies de clima templado-frío.

  Por lo general son especies de hoja fina y que, por tanto, ofrecen belleza estética pero como contrapartida son grandes consumidoras de agua por el clima al que están adaptadas.

- Especies de clima cálido-subtropical.

  Especies de menor consumo de agua. Hasta hace pocos años las variedades tradicionales empleadas bastante rústicas con hojas anchas y entrenudos largos, pero hoy en día existen variedades e híbridos con una gran finura de hoja y gran valor estético

2.2 ESPECIES DE CLIMA TEMPLADO-FRÍO

2.2.1 Agrostis estolonífera

- Especie de hábito rastrero, reproduciéndose a través de estolones.

- Césped de gran calidad estética con hojas de textura muy fina.

- Permite siegas muy bajas (es la única especie que puede soportar siegas de 3mm).

- Crecimiento muy vigoroso.

- Muy exigente en agua y fertilizantes.

- La semilla de A. estolonífera es extraordinariamente pequeña (un gramo contiene del orden de 15.000 semillas) por lo que su recolección y limpieza es difícil y su precio elevado).

2.2.2 Festuca rubra

- Hábito de crecimiento rastrero

- Tolerante a la sombra

- Alta calidad estética por sus hojas finas y porte bajo

2.2.3 Poa pratense

- Hábito de crecimiento rastrero, se expande por rizomas

- Gran resistencia al arrancamiento y pisoteo, ya que los rizomas junto al sistema radicular, forman un perfecto entramado de anclaje al terreno.

- Imprescindible como acompañante en todos los céspedes ornamentales o deportivos

2.2.4 Lolium perenne (Ray-grass inglés)

- Especie de crecimiento por ahijamiento

- Textura media de buena densidad y uniformidad

- Germinación y establecimiento muy rápidos

- Buena resistencia al pisoteo

- Es la más difundida de todas las especies cespitosas.

2.2.5 Festuca arundinácea

- Se reproduce por ahijamiento, formando una base de hojas muy densa, por lo que no admite siegas bajas

- Sistema radicular fibroso y potente, profundizando en el sustrato más que cualquier otra especie cespitosa (hasta 30 cm) que ofrece gran resistencia al arrancamiento y pisoteo

- De las especies de clima templado-frío es la más rústica, resistente a condiciones de aridez y a plagas o enfermedades

2.3 ESPECIES DE CLIMA CÁLIDO-SUBTROPICAL

2.3.1 Cynodon dactylon (Hierba de Bermudas)

- Originaria de África, de clima cálido, es una de las más extendidas por todo el mundo. Se la conoce comúnmente como "Hierba de las Bermudas" o "grama"

- Se reproduce vegetativamente por medio de estolones y rizomas

- Especie extremadamente rústica y agresiva, con una gran tolerancia a la sequía, a la sal, al calor y a suelos no fértiles. Además muy resistente al ataque de insectos o enfermedades fúngicas

- Gran resistencia al arrancamiento y pisoteo

- En los últimos años se han desarrollado un gran número de variedades e híbridos que han mejorado mucho sus rústicas características iniciales, obteniendo una mayor finura de hoja, entrenudos más cortos y mejor aspecto estético.

Fotos: Cynodon dactylon: variedad común (izquierda) y variedad "continental" (derecha)

2.3.2 Paspalum vaginatum

- Especie de hábito rastrero con rizomas y estolones

- Potente sistema radicular

- Resistente a la sequía y se adapta a terrenos salinos

2.3.3 Pennisetum clandestinum (Kikuyu)

- Crecimiento rastrero con potentes estolones

- Hojas anchas y de textura gruesa.

- Se adapta a casi cualquier tipo de suelo.

- Muy resistente a la sequía

3. ELECCIÓN DE ESPECIES SEGÚN EL TIPO DE TEPE REQUERIDO

3.1 TEPES FORMADOS POR UNA SOLA ESPECIE

En ocasiones una sola especie puede cumplir con todos los requisitos que se pretenden conseguir, como son los siguientes casos:

Tepes de alto valor estético

- Formados únicamente por *Agrostis estolonífera* y que se suelen emplear para campos de golf (zona de Green) o jardines de alto valor estético
- Formados exclusivamente por *Poa pratense*, más económico que el anterior y que por su gran densidad, capacidad de regeneración y color es válido para jardines de alto nivel estético, campos de fútbol y campos de golf (zona de Tee).

Foto: Green de un campo de golf con Agrostis estolonifera

Tepes de especies adaptadas a zonas áridas

Formados por algunas de las especies de climas cálido-subtropical como el Cynodon Dactylon, Paspalum vaginatum o Pennisetum clandestinum, aunque éste último no es recomendable por ser una especie muy invasiva siendo muy difícil de erradicar una vez implantada.

En todos estos casos se trata de especies con estolones o rizomas que forman un entramado potente que permite un fácil enrollado del tepe para su transporte.

3.2 TEPES FORMADOS POR UNA MEZCLA DE ESPECIES

Cada especie tiene unas características determinadas, que la hacen más o menos adecuada frente a unas condiciones determinadas de clima, suelo, disponibilidad de agua, resistencia al arrancamiento, etc. Si queremos adaptarnos a diferentes situaciones debemos recurrir a una mezcla de especies donde cada una aporta su cualidad principal para obtener un resultado combinado.

Tepes para céspedes ornamentales

Son tepes donde debe primar la calidad estética. Se deben utilizar mezclas donde estén presentes las especies que presenten mayor finura de hoja, densidad, homogeneidad, color y capacidad de soportar siegas bajas.

Una mezcla tipo es:

- ✓ Lolium perenne 40%

- ✓ Poa pratense 40%

- ✓ Festuca rubra 20%

El Lolium Perenne germina en apenas una semana proporcionando al césped una gran rapidez de instalación. La Poa pratense y la Festuca rubra dotan a la pradera de finura y calidad estética, además de aumentar la densidad y mejorar el anclaje al terreno.

Tepes para céspedes deportivos

Su principal cualidad debe ser la resistencia al pisoteo y debe permitir rodar el balón sin dificultad.

Una mezcla tipo es:

- Lolium perenne (Ray grass inglés) 55%

- Poa pratense 45%

El Lolium perenne por su finura de hoja aporta estética y deja rodar bien el balón, mientras que la Poa pratense aporta densidad y anclaje, evitando así el levantamiento del césped con las pisadas.

Foto: Césped deportivo

Tepes para céspedes de entretenimiento

Es el césped que se emplea en jardinería privada, piscinas o parques públicos, debe ser pisable de amplia utilización y tener un bajo mantenimiento.

Una mezcla tipo es:

✓ Festuca arundinacea 85%

✓ Lolium perenne 10%

✓ Poa pratense 5%

Festuca arundinacea actúa como especie resistente y como componente de base, el Lolium perenne para acelerar su establecimiento y Poa pratense para aportar densidad y anclaje.

Hasta aquí hemos visto algunos de los tipos de tepes más demandados pero es evidente que las combinaciones pueden ser muchas. Habría que estudiar las necesidades del cliente en cada caso para una correcta elección de la mezcla.

4. TÉCNICAS DE IMPLANTACIÓN

A la hora de implantar el cultivo de césped en nuestro vivero se nos plantean algunas alternativas, podemos implantarlo directamente en el terreno o sobre algún tipo de lámina que tenga un drenaje adecuado. También debemos elegir si queremos realizar una siembra o una plantación por esquejes.

4.1 IMPLANTACIÓN DIRECTA EN EL TERRENO

En un suelo donde se quiere implantar un césped se deben distinguir dos partes bien diferenciadas: el suelo o capa de enraizamiento y el subsuelo.

- **Suelo o capa de enraizamiento**. Es la parte del terreno donde se va a desarrollar el sistema radicular del césped.

La profundidad de esta capa puede variar en función de la especie elegida, por norma general para especies de tipo rastrero con raíces poco profundas es suficiente una capa de enraizamiento de 20 cm y para especies de crecimiento por ahijamiento con sistemas radiculares profundos se recomienda una profundidad de 30 cm.

Debe tener las siguientes características básicas:

✓ Textura: franco o franco-arenosa

✓ Contenido en materia orgánica: 5 %

✓ pH entre 5,5 y 7

- **Subsuelo**. Es la parte del terreno situada debajo de la capa de enraizamiento. Lo más importante es que tenga una capacidad de drenaje suficiente para impedir el encharcamiento del terreno.

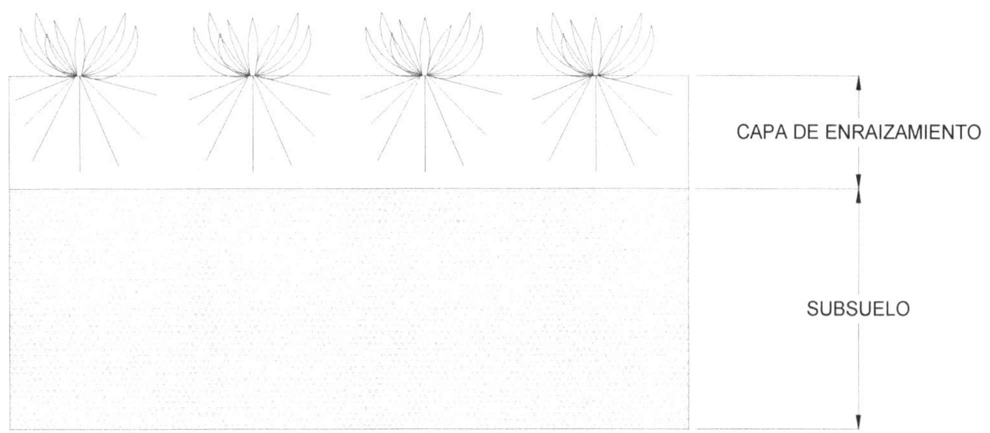

Esquema: Capa de enraizamiento y subsuelo

Si se trata de céspedes de entretenimiento y el terreno no presenta graves problemas de drenaje, las operaciones que se suelen realizar para preparar la capa de enraizamiento son las siguientes:

1º) Aplicar una enmienda orgánica si fuera necesario con estiércol, mantillo o turba.

2º) Realizar una enmienda con arena si se trata de un suelo con una textura arcillosa o franco-arcillosa, para evitar problemas de encharcamiento.

3º) Labrar el terreno con un motocultor o motoazada a una profundidad aproximada de 30 cm.

4º) Realizar un abonado de fondo

5º) Nivelar el suelo

6º) Finalmente realizar un rastrillado fino del terreno.

4.2 IMPLANTACIÓN SOBRE SOPORTE ARTIFICAL

Otra opción es no utilizar el terreno y construir algún tipo de contenedor o soporte donde implantar los tepes.

Lo más habitual es construir unas eras de hormigón con una ligera pendiente para facilitar el drenaje.

Excepcionalmente (cuando se utilizan sustratos arenosos o especies que formen poco entramado) se puede colocar una lámina o malla en la base (sintética u orgánica) que cumple la función de facilitar el enrollado del tepe y evitar el desmoronamiento del sustrato

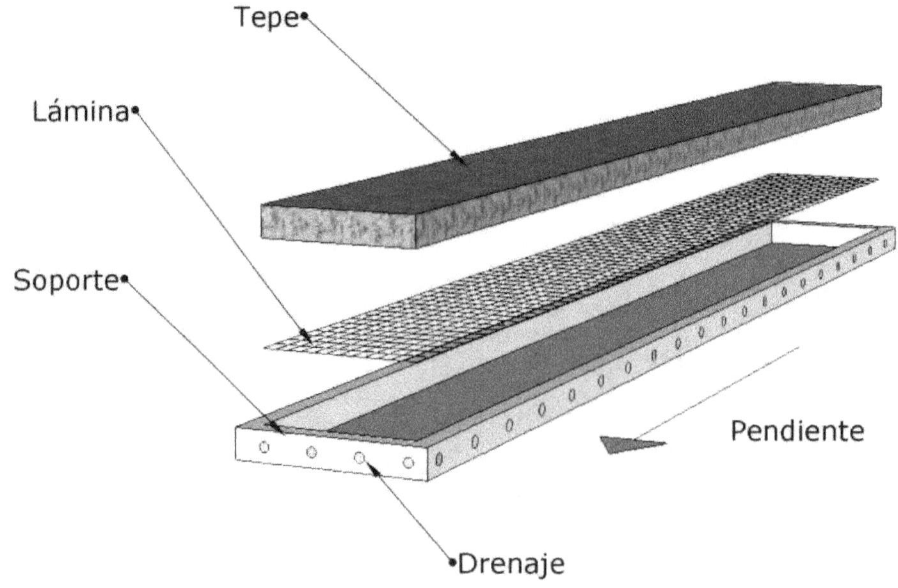

Esquema: Implantación sobre soporte artificial

El soporte se rellena con una mezcla de arena-turba en proporción 2-1, para conseguir un sustrato franco o franco-arenoso.

4.3 SIEMBRA

Esta operación es recomendable realizarla a mediados de primavera para las especies de clima subtropical y a final del verano o principios de otoño para las especies de clima templado-frío.

Es muy importante respetar las dosis de siembra recomendadas en función de la especie o mezcla de especies utilizadas

Especie	Dosis de siembra (g/m^2)
Agrostis estolonifera	6-10
Festuca arundinacea	30-50
Festuca rubra	20-40
Lolium perenne	20-40
Poa pratense	10-15
Cynodon dactylon	10-15
Paspalum vaginatum	5-7
Pennisetum clandestinum	5-7

Para una siembra adecuada debemos utilizar máquinas sembradoras. Básicamente existen dos modelos, las de descarga por gravedad y las centrífugas.

Una vez distribuida la semilla por el terreno se procede a unirla íntimamente con la tierra para favorecer su germinación. Para ello se puede realizar un rastrillado, esterado o pase de rulo que ligue las semillas con el sustrato. También se puede realizar un recebo con un "cubresiembras" que suele ser un sustrato a base de turba enriquecida y arena.

Finalmente es importante mantener un nivel adecuado de humedad para potenciar la germinación y ayudar a las plantas en su primer desarrollo.

Foto: Recebadora que puede realizar las operaciones de siembra o recebo según los casos

4.4 PLANTACIÓN POR ESQUEJES

Una alternativa a la siembra es utilizar esquejes de césped, que en definitiva son trozos de tallo que tienen capacidad, si se plantan en unas condiciones adecuadas, para crear una planta nueva.

El procedimiento de plantar esquejes para implantar un césped es más caro y dificultoso que el de la siembra, por eso suele utilizarse solo en especies que posean estolones y no tengan viabilidad reproductiva por semillas, como es el caso de algunas variedades de Paspalum vaginatum.

Los esquejes son cortados en trozos de 5 a 15 cm, procurando que tengan de dos a cuatro nudos, son distribuidos homogéneamente sobre el terreno (manual o mecánicamente) y se pasan unos discos o rulos para que se entierren parcialmente en el terreno.

Posteriormente se cubre con una capa de arena para que queden enterrados unos 5 mm.

5. MANTENIMIENTO DE LOS TEPES

5.1 OPERACIONES DE SIEGA

Se denomina siega a la operación de cortar el césped.

La siega constituye uno de los factores más importantes del cuidado del césped. Mediante el corte correcto, el césped emite nuevos brotes que permiten regenerar de forma constante la cubierta vegetal.

Para que la siega se realice de una forma correcta debemos tener en cuenta los siguientes aspectos:

- Hay que segar con regularidad, y no sólo esporádicamente, para que las plantas se adapten a una altura determinada y desarrollen la densidad herbácea adecuada.

- En el momento de segar hay que observar siempre la altura de la planta, cortando, como máximo, un tercio de su altura. En caso de querer disminuir mucho la altura de corte, se debe realizar progresivamente en sucesivas siegas y no en una sola vez. Actuando así, podemos evitar una situación de estrés para el césped.

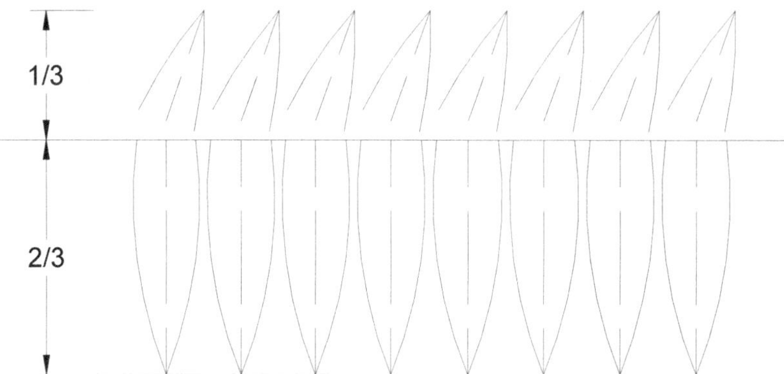

- Respetar las alturas de corte de las especies, pues podríamos dañar seriamente el cuello del césped produciéndole la muerte.

La altura de siega recomendada para las distintas especies es la siguiente:

Especie	Altura mínima (mm)	Óptima (mm)
Agrostis	3	10
Festuca rubra	5	20
Poa pratensis	15	30
Lolium perenne	15	30
Festuca arundinácea	20	40
Cynodones	5	15

- Evitar segar con la hierba mojada

- Evitar segar siempre en el mismo sentido. Se recomienda variar tanto el sentido como la dirección de corte para evitar el encamado de la hierba.

- No trabajar con las cuchillas de las segadoras desafiladas.

Básicamente existen dos tipos de máquinas segadoras, las rotativas y las helicoidales. Ya que los tepes deben cumplir con unas condiciones de máxima calidad se deben utilizar segadoras helicoidales que, aunque son de trabajo más lento, tienen una calidad de corte superior a las rotativas

Foto: Cabezal de corte de una segadora helicoidal

5.2 ESCARIFICADO

Definición

El escarificado consiste en la eliminación del fieltro o colchón formado en la superficie del suelo por la acumulación de los restos de plantas no descompuestos (restos de hojas, tallos y raíces superficiales).

Esta labor también es conocida como "poda vertical" o "verticut".

Formación de fieltro o colchón

Cuando la velocidad de producción de residuos de hierba (hojas, tallos y raíces) es superior a la de descomposición, se forma una capa orgánica superficial, que se conoce como fieltro o colchón.

Una cantidad de fieltro moderada (3-5 mm de espesor) se considera beneficiosa por:

- Actuar como una capa protectora, amortiguando los daños producidos por el uso y reduciendo la compactación del terreno.

- Reducir las pérdidas de agua por evaporación

- Evitar la germinación de malas hierbas.

- Proteger a la planta de las temperaturas extremas

Pero cantidades excesivas de fieltro (más de 5 mm de espesor) puede perjudicar al césped por:

- Dificultar la infiltración de agua en el suelo produciendo encharcamientos en la superficie

- Dificulta la aireación del suelo.

- Aumentar el riesgo de infecciones por hongos

- Disminuir el crecimiento de las raíces en profundidad, aumentando en la superficie y agravando así el problema.

- Dificultar las operaciones de abonado y resiembra.

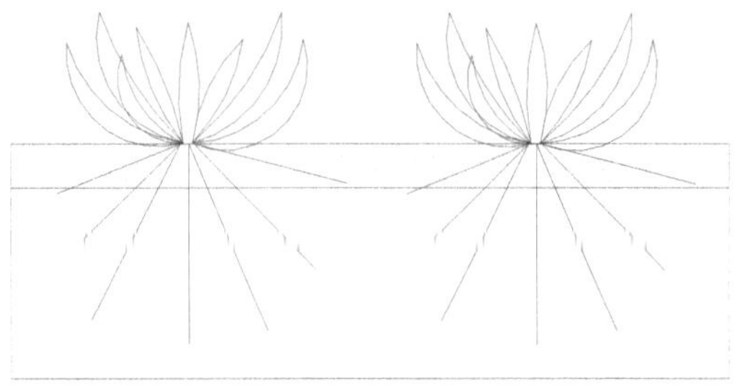

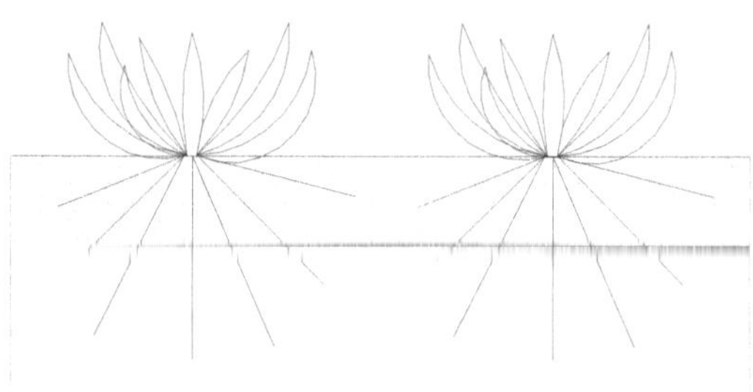

ESPESOR MODERADO DE FIELTRO　　　　**ESPESOR EXCESIVO DE FIELTRO**

Escarificador

Esta operación se realiza con escarificador que es una máquina parecida a una segadora, donde la unidad de corte está constituida por un eje horizontal sobre el cual lleva una serie de cuchillas o discos, de fino espesor, que dispuestos verticalmente y girando a gran velocidad, penetran en la zona superficial de la capa de enraizamiento, arrastrando hasta la superficie los restos de materia orgánica sin descomponer, que forman el fieltro.

La profundidad de trabajo de las cuchillas se puede regular en función del espesor de fieltro a eliminar. Normalmente se trabaja a unas profundidades comprendidas entre 1 y 3 mm.

La época recomendable para realizar esta operación abarca desde la primavera hasta otoño, evitando temperaturas extremas y épocas en las que el suelo se encuentra con excesiva humedad.

Foto: cabezal de un escarificador

5.3 ABONADO

La correcta fertilización es la condición más importante para conseguir el mejor aspecto y vigor de un césped, y mantener su capacidad de regeneración.

La cantidad anual a aportar varía mucho según el tipo de especie por lo que es recomendable consultar bibliografía específica.

Como normas generales se recomienda:

- Abonar después de 1 ó 2 días de una siega.

- Una fertilización completa con abonos N-P-K-Mg (nitrógeno, fósforo, potasio y magnesio) evitará una nutrición desequilibrada. .

- Emplear abonos de liberación lenta.

- Aplicar el fertilizante sobre la superficie de forma regular y homogénea, evitando los solapamientos.

Foto: Abonadora centrífuga

5.4 TRATAMIENTOS FITOSANITARIOS

Podemos tener problemas de plagas, enfermedades y malas hierbas que se deben tratar una vez superen los umbrales de población máximos fijados. Para evitar en lo posible utilizar productos fitosanitarios se aconsejan tomar las siguientes medidas preventivas:

- ✓ Producir tepes de especies y variedades que tengan buena adaptación al clima del vivero
- ✓ Procurar que la fertilización sea equilibrada
- ✓ Correcto manejo del riego. El enemigo principal del césped es el exceso de agua, ya que la mayoría de las enfermedades producidas por hongos de los géneros *Fusarium, Pythium y Phytophthora* vienen como consecuencia de los encharcamientos.
- ✓ Utilización de sustratos estériles (turba y arena) en la capa de enraizado para evitar la aparición de malas hierbas

6. EXTRACCIÓN DE TEPES

Lo habitual es utilizar máquinas específicas para extraer los tepes, ya que la operación manual resulta inviable en muchos casos, debido fundamentalmente al peso y tamaño de los rollos.

Las máquinas utilizadas pueden ser sencillas como la que se muestra en la fotografía o pueden ser plataformas muy complejas, normalmente acopladas a un tractor y que prácticamente "cosechan" el césped, ya que lo cortan, lo enrollan y embalan.

Foto: Sacatepes

TEMA 7 PREPARACIÓN DE PEDIDOS

TEMA 7. PREPARACIÓN DE PEDIDOS

Una vez finalizado el proceso de producción queda finalmente la preparación para su comercialización.

Se debe conseguir que el producto llegue al mercado con las condiciones de calidad exigdas. Aquí juega un papel muy importante la preparación del producto, que abarca los procesos de etiquetado, embalaje, almacenamiento y acondicionamiento para el transporte.

Por la diversidad de los productos trataremos por separado la preparación de semillas, plantas, tepes y flores.

1. SEMILLAS

Ya vimos en el Tema 2 las operaciones de recolección, manipulación y conservación de las semillas.

Para su comercialización se utilizan máquinas específicas para pesar y envasar, normalmente en recipientes o sobres herméticos, para que la respiración del embrión sea mínima.

Posteriormente se procede a su etiquetado que, para una mayor garantía del cliente, debe incluir los siguientes datos:

- ✓ Nombre científico: (Familia, género, especie y variedad)
- ✓ Empresa que las comercializa
- ✓ Peso neto o bruto declarado, o número de semillas que contiene el envase.
- ✓ Pureza específica mínima (%)
- ✓ Fecha de caducidad: Es la fecha a partir de la cual no se garantiza la viabilidad de la semilla, ya que se estima que el embrión a consumido todas sus reservas y no tiene capacidad germinativa.

Foto: Semillas de plantas ornamentales y hortícolas

2. PLANTAS

2.1 ÍNDICES DE CALIDAD

Antes de preparar las plantas para su comercialización debemos comprobar que cumplen con los requisitos de calidad exigidos. Estos requisitos o parámetros de calidad se basan principalmente en:

- Autenticidad de la especie o variedad
- Dimensiones del contenedor.

Las plantas de una misma especie se pueden clasificar atendiendo a su altura, anchura, grosor de tallo o número de tallos principales, pero lo más habitual es clasificarlas según la medida del contenedor (diámetro o volumen). Es muy importante que el recipiente guarde una relación con el tamaño de la planta para un buen desarrollo de la misma y para no incurrir en gastos de sustrato innecesarios.

Para plantas que se comercializan en sus primeras fases de juventud se aconsejan las siguientes dimensiones:

Volumen del recipiente (litros)	Diámetro del recipiente (cm)	Altura de la planta
0,5	10	10
1	13	12
2	15	14

- Formación de la parte subterránea.

La parte subterránea está constituida por el cepellón (raíces y sustrato). Deberá estar suficientemente desarrollado no presentando síntomas de espiralización ni envejecimiento y no sobresalir de forma significativa por los agujeros de drenaje. Los recipientes no deben estar totalmente llenos, se aconseja una ocupación de un 90% de su volumen.

- Formación de la parte aérea

Debe tener un desarrollo correcto en cuanto a forma, número de tallos y hojas, presentando un aspecto denso. En especies con tallo único, éste deberá estar centrado en el contenedor.

- Sanidad vegetal. Deben estar exentas de cualquier plaga o enfermedad, así como no presentar tallos rotos, quemaduras o algún síntoma extraño.

2.2 PREPARACIÓN FRENTE A LOS CAMBIOS AMBIENTALES

Hay que tener en cuenta que la planta se ha desarrollado en unas condiciones ambientales propias del vivero y ha recibido un cuidado máximo en cuanto a riego y fertilización.

Si no preparamos a la planta para un cambio brusco en sus condiciones puede que no dure mucho tiempo sin marchitarse y probablemente empecemos a tener quejas de nuestros clientes.

Preparación frente a la luz

La intensidad de luz es, con mucho, el factor más importante. Si una planta se cultiva con elevadas intensidades de luz y ha de ser situada en interiores, debe ser sometida a un proceso de gradual reducción, después del cual la planta está generalmente preparada para adaptarse a las condiciones de transporte y uso posterior.

También ocurre lo contrario, es decir plantas que han sido cultivadas en niveles bajos de luz deben de pasar un proceso de "endurecimiento" o exposición a la luz para conseguir una adaptación al medio exterior, este es el caso de las plantas forestales y de muchas plantas utilizadas en jardinería de exterior.

La velocidad con que las plantas se adaptan a la nueva situación difiere según las especies y cultivares. Por ejemplo el "Ficus benjamina" si está cultivado a plena luz necesita alrededor de cinco meses para poder adaptarse como planta de interior.

Preparación en riego y fertilización

Las plantas acostumbradas a estar en ambientes muy húmedos y con altas dosis de fertilizantes pueden sufrir un cierto choque si se modifica radicalmente sus condiciones.

Se recomienda disminuir los riegos y abonados semanas antes de la venta, sobre todo en plantas que se sabe van a estar en condiciones ambientales muy distintas al vivero.

2.3 EMBALAJE

Se debe permitir las funciones de respiración y transpiración con normalidad, evitando que la planta entre en colapso.

Se suelen disponer simplemente en cajas de cartón, que son transportadas en carros con estanterías regulables en altura, para aprovechar al máximo el espacio según el tipo de planta a transportar. Finalmente, los laterales de estos carros pueden ser enrollados con algún film plástico para mantener la humedad lo más alta posible.

Si el material a comercializar son esquejes la máxima precaución a tener es que deben viajar en un ambiente húmedo posible para evitar que se sequen.

Foto: Carros utilizados en el transporte de plantas y embalaje de esquejes de "crisantemos" en cajas de cartón

2.4 CONDICIONES DURANTE EL TRANSPORTE

Temperatura

En cuanto a la temperatura existe mucha diversidad según la especie a transportar pero por norma general son recomendables temperaturas suaves comprendidas entre los 13 y 18ºC

Sensibilidad al etileno

Las plantas producen de forma natural pequeñas cantidades de etileno, que es una hormona que afecta a la maduración y envejecimiento de los vegetales. Esta cantidad es liberada en mayores cantidades si la planta tiene flor.

La sensibilidad al etileno es otro de los factores que puede afectar a la calidad de las plantas durante el transporte. Plantas que han mostrado tener una elevada sensibilidad a la acumulación de este gas son, entre otras las de los géneros: *Begonia, Clerodendrun, Fuchsia, Hibiscus, Kalanchoe, Radermachera y Schefflera.*

3. FLOR CORTADA

Si el periodo de comercialización de las plantas con flor es considerablemente más limitado que el de las plantas de hoja, mucho más breve es el tiempo de comercialización de la flor cortada. Por este motivo vamos a dedicar los siguientes puntos a ver los factores que influyen en la preparación y su conservación, así como las medidas que podemos adoptar.

3.1 FACTORES QUE INFLUYEN EN LA PREPARACIÓN DE FLORES

Respiración

Tras su corte, la flor sigue respirando a costa de sus reservas. Para que el consumo de reservas se reduzca al mínimo, debemos reducir su respiración, adoptando las siguientes medidas:

- Cortar cuando el tallo esté suficientemente desarrollo y endurecido ya que las reservas serán mayores.

- Cortar en las primeras horas de la mañana por ser las más frescas y húmedas.

- El uso de herramientas de corte bien afilado y el manejo cuidadoso de las flores, pues los daños y heridas activan la respiración y gastan las reservas para reparar los daños.

- Enfriar las flores (0-2º C), excepto algunas especies tropicales. En su defecto, colocar enseguida en sitio fresco y sombreado. A mayor temperatura, más intensa es la respiración.

Foto: Cámara frigorífica de una floristería

Transpiración

Tras el corte, la flor sigue perdiendo agua por transpiración. Esto trae como consecuencia, si no se remedia, la deshidratación y la marchitez. Con solo perder el 1 % del agua se manifiesta un amarilleamiento de las hojas y si la pérdida es del 5%, la marchitez es irrecuperable.

Para evitar el amarilleamiento de las flores y su marchitez debemos procurar que la vara floral reponga el agua que transpira, poniendo la flor en agua o en una solución hidratante lo antes posible tras su corte. Sin embargo, la hidratación es nula o incompleta cuando se obstruyen los conductos de agua de los tallos y esto puede suceder por:

- Entrada de burbujas de aire al cortar.

- Bacterias y sustancias producidas por ellas que taponan e impiden la entrada de agua.

- Procesos de cicatrización de la propia planta.

La sensibilidad a esta obstrucción de tallos varía según la especie:

Rosa y Gerbera:	Sensibilidad alta
Crisantemo:	Sensibilidad media
Lilium:	Sensibilidad baja

Para lograr una buena rehidratación debemos tener las siguientes precauciones:

- Colocar las flores rápidamente en solución hidratante

- Una vez los cubos llenos de flores, llevarlos inmediatamente a un lugar fresco, húmedo y oscuro, lo ideal es disponer de una cámara frigorífica.

- El tiempo mínimo de hidratación varía entre 4 y 24 horas, según el grado de deshidratación previa y las condiciones ambientales.

3.2 TIPOS DE SOLUCIONES EMPLEADAS PARA LA PREPARACIÓN DE FLORES

3.2.1 Soluciones hidratantes

En el caso de comercializar flores que necesiten hidratación debemos colocar sus flores lo antes posible, tras su corte, en una solución hidratante.

Básicamente una solución hidratante es agua acidificada al que se le añade un biocida y un mojante.

Normalmente partimos de aguas alcalinas por su contenido en minerales, sin embargo, la flor absorbe más fácilmente el agua ligeramente ácida (pH de 3,5 a 4), por ello deberemos acidificarla.

- A la solución se le añadirá un biocida. Lo que se pretende con la adición de estos productos es destruir o matar las bacterias del agua.

- Nunca se le pondrá azúcar, ya que puede aumentar el riesgo de infecciones.

- La rehidratación debe realizarse siempre a baja temperatura.

Productos acidificantes

Para bajar el pH del agua se suele utilizar el ácido cítrico en dosis de 0,3 a 0,5 gr/l.

Agentes mojantes

Es recomendable añadir un "mojante" cuya misión es facilitar el flujo del agua a través de los tallos.

Se utilizan a dosis de entre 0,01 y 0,1 por ciento (10 a 100 centímetros cúbicos por 100 litros de agua). La materia activa más conocida y utilizada es el "Eter nonilfenil polietilenglicol", que se comercializa bajo muy diversas marcas, entre ellas "Agral" o "Humectante Bayer"

Biocidas

Con el biocida se pretende destruir o matar las bacterias del agua y también se conocen como germicidas o bactericidas. La materia activa más utilizada es la hidroxiquinoleina que, al igual que los agentes mojantes, se comercializa bajo muy diversas marcas.

3.2.2 Soluciones de carga o "pulsing"

Llamamos soluciones de carga o "pulsing" a las soluciones pensada para aumentar las reservas nutritivas de flores, que por razones comerciales se cortan más cerradas para almacenarlas durante más tiempo.

El azúcar es el principal ingrediente de estas soluciones, en proporción que varía del 2% al 20%, dependiendo de cada cultivo. Lógicamente si se emplea azúcar, será necesario añadirle un biocida.

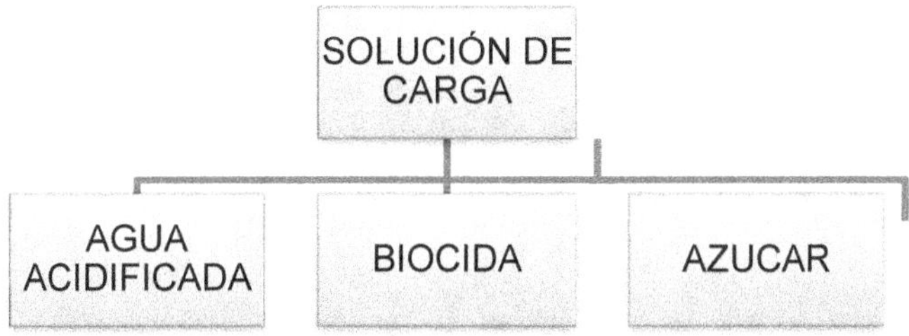

3.2.3 Productos antietileno

Ya vimos que el etileno puede provocar el envejecimiento prematuro de los vegetales y, por tanto, provoca también la marchitez de las flores. Los productos antietileno tienen como objetivo evitar los daños que produce el etileno en las flores.

También en el caso de la flor cortada, la materia activa más utilizada es el Metil-ciclo-propano. Se debe utilizar en habitaciones o cámaras cerradas a las dosis que se indican en el cuadro adjunto.

Volumen cámara (m3)	Concentración (ppb)	Ethylbloc (gramos)	Agua caliente (cc)
10	50	0.3	3
50	50	1.5	15
100	50	3.0	30

Tras la disolución del producto, el gas se desprende inmediatamente y empieza a actuar sobre las flores. Con temperaturas entre 13 y 24°C las flores deberán permanecer durante un mínimo de cuatro horas. Si la temperatura es inferior a 13°C, se aumentarán las dosis o el tiempo de exposición.

La concentración efectiva de este gas oscila entre 50 y 100 partes por billón (ppb), indicándose en el cuadro la forma de conseguir esas concentraciones.

4. TEPES

Dimensiones

A la hora de preparar y comercializar los tepes interesa un espesor mínimo para reducir peso y que su manipulación sea fácil.

Los espesores recomendados para las distintas especies son:

Clasificación	Grosor (cm)	Especie
Muy fino	1,5	Agrostis estolonífera
Fino	2	Poa pratense, Cynodon dactylon
Grueso	2,5	Festuca rubra, Festuca arundinacea
Muy grueso	3	Lolium perenne

Los rollo se suelen extraer y clasificar en dos tamaños: Rollos normales o Standard que tienen un tamaño de 2,50 m x 0,40 m y un peso aproximado de 20 Kg y rollos en gran formato con unas dimensiones de 25m x 0,75 m y un peso aproximado de 500 kg

Foto: Tepe

TEMA 8. PLAN DE PREVENCIÓN DE RIEGOS LABORALES DE UN VIVERO

TEMA 8. PLAN DE PREVENCIÓN DE RIEGOS LABORALES EN UN VIVERO

La ley de prevención de riesgos laborales, ley 31/1995 de 8 de diciembre, entró en vigor el 10 de febrero de 1996. En ella se incorporó el término prevención, que indica que hay que actuar antes de que se produzcan los daños sobre la salud, evitando los riesgos.

Según esta ley, todas las empresas deben elaborar un Plan de Prevención y especifica que todos los trabajadores tienen derecho a participar en este proceso a través de los delegados de prevención y comités de seguridad y salud.

A lo largo de este Tema veremos los puntos que debe tratar un Plan de Prevención aplicado a un vivero, analizando los factores de riesgo, así como las medidas correctoras que se deben tomar.

1. OBJETIVOS DEL PLAN DE PREVENCIÓN

1.1 OBJETIVO GENERAL

El Plan de Prevención tendrá como objetivo general la mejora de las condiciones de trabajo para preservar la salud de los trabajadores.

1.2 OBJETIVOS ESPECÍFICOS

- Evitar los riesgos

- Evaluar los riesgos que no se puedan evitar

- Combatir los riesgos en su origen

- Adaptar el trabajo a la persona, en particular en lo que respecta a la concepción de los puestos de trabajo, así como a la elección de los equipos y los métodos de trabajo y de producción, con miras, en particular a atenuar el trabajo monótono y repetitivo y reducir los efectos del mismo en la salud.

- Tener en cuenta la evolución de la técnica.

- Sustituir lo peligroso por lo que entrañe poco o ningún peligro.

- Planificar la prevención, buscando un conjunto coherente que integre en ella la técnica, la organización del trabajo, las condiciones de trabajo, las relaciones sociales y la influencia de los factores ambientales en el trabajo.

- Adoptar medidas que antepongan la protección colectiva a la individual.

- Dar las debidas instrucciones a los trabajadores.

2. FACTORES DE RIESGO GENERALES

De forma general, los principales factores de riesgo son:

A estos factores de riesgo hay que añadir las condiciones particulares de cada trabajador/a: Edad, sexo, enfermedades adquiridas, exposiciones anteriores, condiciones sociales, hábitos de vida, etc.

3. RIESGOS ESPECÍFICOS DEL TRABAJO EN VIVEROS Y MEDIDAS PREVENTIVAS

Ya hemos visto a lo largo de los temas anteriores que los trabajos en un vivero pueden ser de muy diversa índole, desde trabajos de oficina hasta labores de trasplante, preparación del terreno, carga y descarga, etc.

Un Plan de Riesgos Laborales debe detallar los riesgos específicos a los que podemos estar expuestos en cada uno de estos puesto de trabajo, así como las medidas preventivas que debemos adoptar. A continuación resaltaremos los más importantes.

3.1 MOVIMIENTOS REPETITIVOS

Riesgos

Una de las cosas que caracteriza el trabajo en el sector agrario es la realización de trabajos que requieren movimientos repetitivos, como la elaboración de semilleros, trasplantes, deshierbes, tratamientos. Estos pueden ocasionar lesiones en los brazos, en las piernas y en la región dorso lumbar.

Foto: Movimientos repetitivos en la recolección de esquejes

Medidas preventivas

- Mantener un ritmo adecuado y realiza pausas.

- Procurar adoptar posturas correctas.

- Realizar rotación de puestos de trabajo y tareas.

- Revisar los aspectos técnicos que puedan influir en las posturas de trabajo como la altura de las mesas de trabajo o las características de las herramientas o máquinas utilizar.

3.2 MANEJO DE CARGAS Y POSTURAS INADECUADAS

Riesgos

Algunas de las operaciones que más frecuentemente se realizan en las labores de un vivero, a pesar de la creciente mecanización, son el levantamiento y transporte de cargas más o menos pesadas (plantas, sacos de sustratos, etc.) para las que en ocasiones adoptamos posturas forzadas.

Esto puede originar, en multitud de ocasiones, alteraciones de la columna vertebral, fundamentalmente en la zona lumbar, dando lugar a lumbagos o dolores de espalda, pinzamientos, hernias discales o lumbociáticas.

Medidas preventivas

- Antes de realizar una tarea, informarse sobre la mejor manera de realizarla para reducir la posibilidad de lesiones.

- No permanecer en posturas forzadas durante mucho tiempo, haciendo descansos.

- Prestar atención a la altura a la que realizas los trabajos.

- No manipular cargas de más de 20 Kg. Si la carga supera los 20 Kg, es de grandes dimensiones o no se está acostumbrado a realizar esta actividad, pedir ayuda a otras personas.

- Utilizar los equipos de protección adecuados (protecciones lumbares, guantes, etc.).

- Sustituir paulatinamente las técnicas manuales por sistemas mecanizados que faciliten la tarea.

3.3 MANEJO DE HERRAMIENTAS MANUALES

Riesgos

La utilización de herramientas manuales puede entrañar accidentes si no se utilizan de manera adecuada o no realizamos un buen mantenimiento de ellas. Los principales riesgos que se derivan de su utilización son:

- Proyección de astillas o partículas que puedan dañar la cara y especialmente los ojos.

- Cortes.

- Caídas al mismo nivel, producidas normalmente al tropezar por no dejar las herramientas de manera correcta y en el sitio adecuado.

- Sobreesfuerzos, provocados por el desequilibrio que se produce entre la capacidad física de una persona y las exigencias de la tarea, realizándose un esfuerzo superior al normal.

Medidas preventivas

- Utilizar las herramientas única y exclusivamente para lo que fueron diseñadas.

- Trabajar en una posición natural, con suficiente espacio para moverte.

- Usar gafas protectoras.

- Utilizar guantes, especialmente cuando la herramienta sea cortante.

- Revisar que los cabos o mangos estén bien ensamblados con la cabeza de la herramienta.

- Si se trata de una herramienta cortante, comprobar que tenga el filo adecuado.

- En la zona de trabajo, dejar las herramientas en un sitio bien visible y con los bordes cortantes hacia abajo.

- No transportes las herramientas llevándolas sobre el hombro. La mejor forma es cogerlas por el mango junto a la cabeza de la herramienta, manteniendo el brazo estirado a lo largo del cuerpo.

3.4 ESTRÉS TÉRMICO POR CALOR O FRÍO

Riesgos

La mayor parte de las actividades laborales que se realizan en el los viveros tienen lugar en zonas al aire libre o en invernaderos, donde las condiciones térmicas pueden ser extremas por las altas temperaturas que se alcanzan. Los riesgos derivados del calor son:

- Insolación. Se produce por la exposición prolongada de la cabeza al sol y puede provocar enrojecimiento de la piel y dolor de cabeza.

- Deshidratación. Es una pérdida excesiva de agua que puede ser provocada por una situación de mucho calor. Los síntomas, aparte de la sequedad de las mucosas que provoca la sed, pueden ser náuseas, falta de fuerzas o disminución del rendimiento, fatiga mental y física.

- Acaloramiento o golpe de calor. Puede provocar fiebres altas, aparece sensación de sed intensa, dolor de cabeza, confusión y dificultad para respirar.

- Agotamiento. Es un riesgo menos grave que los anteriores. La piel palidece, abunda la sudoración, dolor de cabeza, fatiga, somnolencia y confusión.

Medidas preventivas

- Aumentar la ingesta de líquidos y sales para evitar su pérdida.

- Limitar la carga física de trabajo, programando las tareas más duras durante los periodos más frescos del día.

- Cubrir la cabeza para evitar las exposiciones directas al sol y utilizar cremas protectoras.

- Limitar el tiempo de exposición al sol incrementando la frecuencia y duración de los intervalos de descanso en zonas sombreadas y aireadas.

- Utilizar ropa adecuada

Foto: Trabajo en invernadero bajo estrés térmico

3.5 PICADURAS DE INSECTOS

Algunos insectos pueden ocasionar graves problemas debido a las enfermedades que pueden transmitir a través de sus patas y trompa. En el momento que notemos que algún insecto nos ha picado es recomendable seguir las siguientes pautas:

- Lo primero es tratar de identificar el insecto que ha causado la picadura.

- Si no se identifica claramente el insecto y los efectos son severos, es recomendable acudir al médico para realizar las pruebas necesarias.

- Retirar anillos, cadenas, pulseras, etc. de la zona afectada por si se produce una inflamación.

- En caso de picadura de avispa o de abeja podemos tratar de extraer el aguijón, si es posible.

- Debemos de tratar de evitar que el trabajador se toque o rasque la zona afectada por la picadura.

- Prever si puede producirse una reacción alérgica al veneno. Las picaduras de abejas y avispas son las más peligrosas en este aspecto. Si se dan síntomas de una posible alergia, acudir al centro sanitario más cercano.

- Lavar la zona afectada con agua y jabón.

- Si se produce una reacción local importante, puede aplicarse frío para tratar de limitar la inflamación y la absorción del veneno.

- No se deben aplicar torniquetes, ni prescribir medicamentos sin la supervisión del médico.

- Manteniendo unas condiciones higiénicas adecuadas y siguiendo el trabajador las recomendaciones citadas, el riesgo de picadura y sus consecuencias se reducen.

3.6 MANEJO DE MAQUINARIA

El uso de maquinaria en viveros puede ser también objeto de un estudio pormenorizado dependiendo de las características de la empresa, pero básicamente nos podemos encontrar con maquinaria relacionada con las siguientes operaciones:

- ✓ Elaboración de compost o eliminación de restos orgánicos: astilladora

- ✓ Operaciones de carga y descarga: elevadoras eléctricas

- ✓ Operaciones específicas: semilleros mecánicos, enmacetadoras, empaquetadoras, etc.

Riesgos

Los tipos de riesgo comunes que se pueden dar al utilizar cualquier tipo de maquinaria son:

- Atrapamiento con los engranajes, ejes y puntos giratorios de arrollamiento.

- Cortes con las puntas y aristas de corte y cizallamiento (cuchillas, dientes de corte, filos de herramientas, etc.).

- Aplastamiento, sobre todo en la manipulación de cargas y en el acople de aperos a la unidad motriz (generalmente el tractor).

- Proyecciones debidas a partículas de madera, hierbas, piedrecillas, etc., lanzadas por elementos de corte que giran muy rápidamente.

- Riesgos debidos a las energías que mueven los distintos órganos de las máquinas (combustión, aire comprimido, hidráulica, electricidad).

Medidas preventivas

- La maquinaria a utilizar debe llevar los dispositivos mínimos de seguridad, entre las que destacamos:

  - ✓ Debe existir un dispositivo de parada total.

  - ✓ La parada debe cortar el suministro de energía a los órganos de accionamiento.

  - ✓ Los órganos de accionamiento deben estar señalizados y ser claramente visibles.

  - ✓ Los equipos deben tener resguardos y protecciones resistentes y de difícil anulación, que impidan enganches, roturas, proyecciones, etc

- Conocer en profundidad el manejo de la máquina y conocer sus puntos más peligrosos.

- Comprobar que los engranajes de las máquinas que puedan estar en contacto con el cuerpo, la ropa o el pelo, estén totalmente protegidos.

- Nunca se deben desmontar ni reparar los engranajes con una máquina en marcha.

- Después de labores de reparación o mantenimiento es muy importante volver a colocar los elementos de protección antes de poner en funcionamiento la máquina.

- Asegurarse que mientras una máquina se esté reparando nadie, accidentalmente, pueda accionarla.

- Nunca y bajo ningún concepto colocarse dentro de la línea de acción de las máquinas.

- Llevar los EPI (Equipos de Protección Individual) obligatorios para el uso de determinadas máquinas.

Foto: EPI para aplicación de fitosanitarios

3.7 INCENDIO

Las causas principales por las que se puede provocar un incendio son:

- Chispas de origen mecánico o procedentes de combustión en operaciones de corte con radiales o soldadura eléctrica en trabajos de mantenimiento general

- Chispas de origen eléctrico producidas por cortocircuitos o sobrecargas en las instalaciones.

- Fumadores

- Falta de orden y limpieza, al acumularse la suciedad en superficies calientes, maquinaria o elementos eléctricos

Riesgos

- Lesiones para las personas: quemaduras, asfixia, desorientación por los humos, intoxicación y pánico.

- Daños materiales

Prevención

Las medidas preventivas más importantes son:

- Prohibición de fumar en las zonas de riesgo

- Instalaciones eléctricas que cumpla con el Reglamento Electrotécnica de Baja Tensión

- Emplazamiento adecuado para la maquinaria

Medidas protectoras

Es el conjunto de acciones destinadas a complementar la acción preventiva para el caso en que se inicie el incendio, éste quede limitado en su propagación y reducidas sus consecuencias. Se debe contar con:

- Sistemas de detección

- Sistemas de extinción. Fijos y/o portátiles

4. MEDIDAS PREVENTIVAS GENERALES

Además de las medidas preventivas específicas detalladas en el punto anterior, el Plan de Prevención debe contemplar una serie de medidas preventivas generales concretadas en los siguientes puntos.

4.1 SEÑALIZACIÓN

Ya indicamos al inicio que uno de los objetivos era anteponer las medidas colectivas sobre las personales, tal y como indica la Ley sobre Prevención de Riesgos Laborales. Estas medidas colectivas pueden comenzar con una buena señalización que advierta de los riesgos específicos de cada área de trabajo. Algunas de las señales que deben instalarse son:

- Señales de obligación de uso de determinados EPI: cascos, orejeras, mascarillas, guantes, etc.

- Señales de riesgo de caídas, choques y golpes.

- Señalización de maniobras peligrosas en las vías de circulación de carretillas y camiones en las zonas de carga y descarga.

- Equipos de protección contra incendios. Deberán ser de color rojo al igual que el emplazamiento dedicado a ellos.

- Señalización de almacenamiento de productos químicos.

4.2 PLAN DE FORMACIÓN A LOS TRABAJADORES

Se deben de realizar jornadas de información a los trabajadores sobre:

- Información sobre el Plan de Prevención que se quiere poner en marcha.

- Situaciones de riesgo generales y específicas que se pueden plantear en las distintas zonas de trabajo.

- Riesgos para la salud que existen.

- Medidas colectivas que se han tomado

- Equipos de Protección Individual de obligada utilización, forma de empleo, conservación y mantenimiento.

- Señalización. Información sobre todo tipo de señales: paneles, acústicas y luminosas. Su significado y modo de actuación.

- Organización del trabajo. Explicación de todos los aspectos que se incluyen dentro de la organización del trabajo y pueden servir para reducir los riesgos propios del trabajo.

- Primeros auxilios. Preferentemente enfocado a aquellos puestos de mayor riesgo

4.3 PLAN DE EMERGENCIA INTERIOR

El Plan de Prevención debe incluir también un Plan de Emergencia Interior para el caso de un siniestro.

En este Plan se contempla y especifica la organización y funciones de todas y cada una de las personas del vivero en caso de emergencia.

Todos los trabajadores deberán ser informados del mismo, asumiendo el papel que debe de desempeñar cada uno en caso de accidente.

4.4 PLAN DE EMERGENCIA EXTERIOR

Se debe redactar un Plan de Emergencia Exterior en el que participaran participarán todos los organismos que pueden participar en caso de siniestro:

✓ Ayuntamiento.

✓ Policía Local

✓ Cuerpo de Bomberos

✓ Servicios Sanitarios

Se realizará una reunión con todos ellos para explicar los riesgos a los que está sometido el vivero y se realizarán simulacros de siniestro cada cierto tiempo.

4.5 PLAN DE VIGILANCIA DE LA SALUD

Se debe proponer un Plan de Vigilancia de la Salud que tiene como misión realizar revisiones médicas periódicas a los trabajadores para vigilar su salud y detectar posibles problemas sobre los que actuar.

Este Plan se llevará a cabo por personal Sanitario con competencia técnica, formación y capacidad acreditada.